中国地质调查成果 CGS 2023-012

"清江流域水文地质调查（DD20190824）"项目资助

清江流域水资源承载力与开发保护区划

QING JIANG LIUYU SHUIZIYUAN CHENGZAILI YU

KAIFA BAOHU QUHUA

成金华　王　然　詹　成　等编著

图书在版编目(CIP)数据

清江流域水资源承载力与开发保护区划/成金华等编著.—武汉:中国地质大学出版社,
2023.8
ISBN 978-7-5625-5681-7

Ⅰ.①清…　Ⅱ.①成…②王…③詹…　Ⅲ.①清江-流域-水资源-承载力-研究
Ⅳ.①TV213.4

中国国家版本馆 CIP 数据核字(2023)第 176040 号

清江流域水资源承载力与开发保护区划			成金华　等编著
责任编辑:龙昭月	选题策划:龙昭月		责任校对:何澍语
出版发行:中国地质大学出版社(武汉市洪山区鲁磨路388号)			邮政编码:430074
电　　话:(027)67883511	传　　真:(027)67883580		E-mail:cbb@cug.edu.cn
经　　销:全国新华书店			http://cugp.cug.edu.cn
开本:787 毫米×1092 毫米 1/16		字数:260 千字	印张:11.25
版次:2023 年 8 月第 1 版		印次:2023 年 8 月第 1 次印刷	
印刷:武汉中远印务有限公司			
ISBN 978-7-5625-5681-7			定价:128.00 元

如有印装质量问题请与印刷厂联系调换

前 言

清江流域是长江流域的重要组成部分,保护好清江流域水资源对实现长江经济带绿色发展具有重要的现实意义,对推动长江中游地区实现高质量发展具有重要的依托作用。因此,必须保护和改善清江流域水生态环境,确保清江流域水资源的永续利用,保护流域生态环境承载力,规划、保护、利用好清江流域丰富而宝贵的水资源,协调好区域社会经济发展、生态文明建设以及水资源、水环境、水生态的保护要求。

本书的目的是分析清江流域水资源的现状与管理成效,把握清江流域水资源的特点,构建清江流域水资源承载力评价理论与方法,分别从原值、余量和潜力三个层面对清江流域水资源承载力进行评价,并综合评价水资源承载力指数和耦合协调态势,结合适宜性评价结果,提出清江流域水资源开发保护区划方案,提出提升水资源承载力和进行开发利用保护区划的对策建议。

本书共包括以下四个部分的内容。

第一部分包括第一章绪论,阐述了研究背景和研究意义,同时对已有研究进行文献综述,介绍研究区域、研究内容和研究方法。

第二部分包括第二章、第三章、第四章、第五章和第六章。第二章为清江流域水资源承载力评价理论与方法,从"三水共治"、主体功能定位等五个方面阐述清江流域水资源承载力的评价理论,并分别从原值、余量和潜力三个层面介绍水资源量、水环境和水生态三个维度的承载力评价方法。第三章、第四章和第五章分别从水资源量、水环境和水生态三个维度进行承载力评价,第六章进行集成评价和耦合协调分析。

第三部分包括第七章和第八章。第七章为清江流域水资源开发适宜性评价,判断清江流域水资源国土空间开发适宜程度,确定清江流域城镇开发、农业生产、生态保护的适宜用途区域。第八章为清江流域水资源开发保护区划,阐述清江流域的水资源开发保护区划思路,并从水资源供需平衡预测分析的角度规划水资源配置,提出清江流域的水资源开发保护区划方案。

第四部分包括第九章,从合理划分水资源领域财政事权和支出责任、推动监测巡护工作制度化体系、发挥国土空间各单元作用等方面提出推进清江流域水资源承载力提升与开发保护区划的对策建议。

本书系"清江流域水文地质调查(DD20190824)"项目的成果,由成金华教授负责章节设计、组织调研和定稿,王然副教授负责组织调研、统稿和定稿,詹成博士负责统稿和主要内容撰写。参与调研和内容撰写的人员还有方传棣、郑悠、卫玉杰、毛羽、李静远、赵彦琼、赵童心、赵豪、阮晟哲、胡文、张周益、邵诗峰、陈想、张浩希、杨肖一雄等。

目 录

第一章 绪 论 ……………………………………………………………… (1)
    第一节 研究背景与研究意义 …………………………………………… (1)
    第二节 文献综述 ………………………………………………………… (2)
    第三节 研究区域 ………………………………………………………… (5)
    第四节 研究内容与研究方法 …………………………………………… (7)
    第五节 技术路线 ………………………………………………………… (8)

第二章 清江流域水资源承载力评价理论与方法 ……………………… (10)
    第一节 清江流域水资源承载力的定义 ………………………………… (10)
    第二节 清江流域水资源承载力评价理论 ……………………………… (11)
    第三节 清江流域水资源承载力原值评价 ……………………………… (15)
    第四节 清江流域水资源承载力余量评价 ……………………………… (19)
    第五节 清江流域水资源承载力潜力评价 ……………………………… (23)

第三章 清江流域水资源量维度承载力评价 …………………………… (30)
    第一节 清江流域水资源量维度承载力原值评价 ……………………… (30)
    第二节 清江流域水资源量维度承载力余量评价 ……………………… (41)
    第三节 清江流域水资源量维度承载力潜力评价 ……………………… (51)

第四章 清江流域水环境维度承载力评价 ……………………………… (64)
    第一节 清江流域水环境维度承载力原值评价 ………………………… (64)
    第二节 清江流域水环境维度承载力余量评价 ………………………… (68)
    第三节 清江流域水环境维度承载力潜力评价 ………………………… (73)

第五章 清江流域水生态维度承载力评价 ……………………………… (85)
    第一节 清江流域水生态维度承载力余量评价 ………………………… (85)
    第二节 清江流域水生态维度承载力潜力评价 ………………………… (87)

第六章 清江流域水资源承载力集成
    评价和耦合协调分析 ………………………………………………… (100)

第一节　集成评价和耦合协调分析方法 …………………………………………（100）
　　第二节　清江流域水资源承载力原值评价分析 …………………………………（102）
　　第三节　清江流域水资源承载力余量集成
　　　　　　评价和耦合协调度分析 …………………………………………………（104）
　　第四节　清江流域水资源承载力潜力集成
　　　　　　评价和耦合协调分析 ……………………………………………………（111）

第七章　清江流域水资源开发适宜性评价 ……………………………………………（120）
　　第一节　清江流域国土空间单要素适宜性评价 …………………………………（120）
　　第二节　清江流域国土空间多指标适宜性评价 …………………………………（134）

第八章　清江流域水资源开发保护区划 ………………………………………………（145）
　　第一节　清江流域水资源开发保护区划思路 ……………………………………（145）
　　第二节　清江流域水资源合理配置 ………………………………………………（146）
　　第三节　清江流域水资源开发保护区划方案 ……………………………………（161）

第九章　推进清江流域水资源承载力提升与
　　　　开发保护区划的对策建议 …………………………………………………（163）
　　第一节　合理划分水资源领域财政事权和支出责任 ……………………………（163）
　　第二节　推动监测巡护工作制度化体系化 ………………………………………（164）
　　第三节　充分发挥国土空间各单元作用 …………………………………………（167）
　　第四节　科学划分水功能区 ………………………………………………………（168）
　　第五节　做好功能区与国土空间规划的衔接 ……………………………………（168）
　　第六节　实现"一河一长""一湖一长""一田一长" ……………………………（169）

主要参考文献 ……………………………………………………………………………（170）

第一章 绪 论

第一节 研究背景与研究意义

一、研究背景

2016年1月5日,习近平总书记在重庆召开的推动长江经济带发展座谈会上,全面而深刻地阐述了推动长江经济带发展的重大战略思想,提出"当前和今后相当长一个时期,要把修复长江生态环境摆在压倒性位置,共抓大保护,不搞大开发"。这是以习近平同志为核心的党中央审时度势,及时作出的"共抓大保护,不搞大开发"重大战略部署的开端。2018年4月,习近平总书记在湖北省考察时强调要强化生态环境保护,牢固树立绿水青山就是金山银山的理念,统筹山水林田湖草系统治理,强化大气、水、土壤污染防治,让湖北天更蓝、地更绿、水更清。2020年11月,习近平总书记在江苏考察时强调,要全面把握新发展阶段的新任务新要求,坚定不移贯彻新发展理念、构建新发展格局,坚持稳中求进工作总基调,统筹发展和安全,把保护生态环境摆在更加突出的位置,推动经济社会高质量发展、可持续发展。党的二十大报告指出,"推动绿色发展,促进人与自然和谐共生",并在针对污染防治方面具体提到,"深入推进环境污染防治,持续深入打好蓝天、碧水、净土保卫战,基本消除重污染天气,基本消除城市黑臭水体,加强土壤污染源头防控,提升环境基础设施建设水平,推进城乡人居环境整治"。

二、研究意义

长江是中华民族的母亲河,生态修复和环境保护成为现阶段长江经济带实现高质量发展的重要瓶颈。清江流域是长江流域的重要组成部分,保护好清江流域水资源对实现长江经济带绿色发展具有重要的现实意义,对推动长江中游地区实现高质量发展具有重要的依托作用。因此,必须保护和改善清江流域水生态环境,确保清江流域水资源的永续利用,保护流域生态环境承载力,规划、保护、利用好清江流域丰富而宝贵的水资源,协调好区域社会经济发展、生态文明建设以及水资源、水环境、水生态的保护要求。

第二节 文献综述

水资源制约已成为21世纪人类社会经济发展需要考虑的重要因素。过去100年间,全球对水的需求量增长了近8倍,其开发利用也对生态环境造成了很大的破坏(Bao et al.,2015;Veldkamp et al.,2017)。中国在水资源可持续开发利用和水生态文明建设方面采取了一系列措施,将水生态环境保护提高到前所未有的水平(Lu et al.,2016)。

一、水资源承载力概念相关研究

承载力作为解决资源环境问题的一种有效工具,已受到国内外政府和学者的青睐。通过对CNKI(China National Knowledge Infrastructure,中国知识基础设施工程)北大核心期刊数据库和Web of Science数据库中关于水资源承载力文献进行人工筛选和整理,笔者发现自2002年以来,水资源承载力的论文数量在整体上呈增长态势(图1-1)。关于资源承载力的概念并没有统一的观点,大致可以分为三类:一是一定条件下区域资源的最大开发利用能力;二是一定条件下区域资源能够支撑的最大人口数量;三是一定条件下区域资源能够支撑经济、社会系统以及生态环境系统的可持续发展能力。与此类似,水资源承载力的概念大致也分为以上三类,其中第三类观点受到了中国政府和学者的更高认可(臧正等,2015;王喜峰等,2019)。

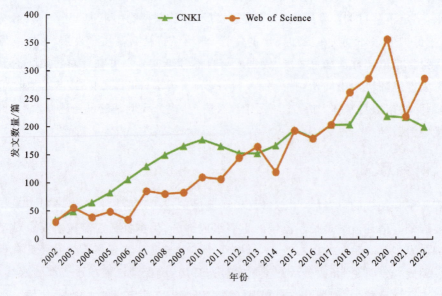

图1-1 2002—2022年国内外数据库的水资源承载力研究发文量

借鉴中国自然资源部于2020年印发的《资源环境承载能力和国土空间开发适宜性评价指南(试行)》,本研究提出动态的水资源承载力概念,即基于一定发展阶段、经济技术水平和生产生活方式,一定地域范围内水资源能够支撑的农业生产、城镇建设等人类活动的最大规模。需要说明的是,此处的最大规模不仅需要考虑本底条件和剩余量,还应考虑国家战略下的定额目标和未来可能挖潜的部分。

二、流域水资源承载力相关研究

就研究区域来看,流域的水资源承载力研究较为多见(Lu et al.,2017;高伟等,2018)。周云哲等(2019)评价了黑河流域张掖市、酒泉市、阿拉善盟水资源配置方案的荷载均衡状况;左其亭等(2020)评价了黄河流域流经的青海、四川、甘肃、宁夏、内蒙古、陕西、山西、河南、山东九省区的水资源承载力;黄昌硕等(2020)对黄河流域上游区、中游区和下游区的水资源承载进行了预测和分析。顾文权等(2021)针对水资源承载力评价指标纬度高、指标权重主观性强等问题,以闽清县梅溪流域为例,构建了基于主成分分析的水资源承载力评价模型。苏贤保等(2018)对甘肃省每个流域采用各自的用水标准,结合水资源、水环境阈值计算了水资源综合承载力。该研究不仅以流域为研究对象,同时也很好地体现了差异化的阈值用以评价承载力水平。其他一些关于水资源承载力评价指标和研究领域的部分文献见表1-1。目前鲜有从流域的县级尺度进一步细化深入的研究。

表1-1 水资源承载力评价指标及研究领域的部分文献

文献	评价指标	研究区域
Feng等(2008)	污水排放量、总需水量、供水量等	浙江省义乌市
Zhang等(2014)	水资源、水环境、水生态、社会经济	吉林省四平地区
Yang等(2015)	耗水量、用水效率、污水排放量	辽宁省铁岭市
Wang等(2015)	提出水环境压力承载力、水环境状态承载力和水环境响应承载力的概念	中国
Ren等(2016)	水资源、社会经济和生态	甘肃省武威市
Wang R等(2017)	单位工业增加值用水量、人均水资源量	中国矿业经济区
Wang C H等(2017)	供水总量、第三产业万元产值用水量、工业万元产值用水量等	北京市
赵强等(2018)	水资源禀赋情况、社会经济发展、生态环境	山东省
苏敏杰等(2018)	水资源系统、社会经济、生态系统	云南省
Zhang等(2018)	饮用水水源水质符合率、人均水资源、生态耗水量、再生水占总供水量比例等	天津市
Cui等(2018)	水资源承载的规模、压力与调节	安徽省
Yang等(2019)	水资源、水环境、社会经济等	陕西省西安市
卞锦宇等(2020)	水量、水质、生态与水流	太湖流域

续表 1-1

文献	评价指标	研究区域
Fu 等(2020)	污水排放量、人均日生活用水量等	海河流域
余灏哲等(2021)	气候变化、人口增长与城镇化、经济与产业发展	京津冀地区
邓正华等(2021)	水资源、水环境、社会经济	洞庭湖流域
张凯等(2021)	资源禀赋、社会经济、生态环境	中国
白晓旺等(2022)	人均 GDP、人均用水量、湿地面积比、森林覆盖率、污水处理率等	长江经济带
张炳林等(2022)	水资源承载力、水资源管理韧性	陕西省
李文雅等(2022)	人口总量、工业增加值、水资源总量	珠澳地区

三、水资源承载力评价指标体系相关研究

中国经历了从早期注重对水资源的开发利用管理(柯蒂,1988),到 20 世纪 90 年代逐步关注水资源开发利用与水环境污染治理并重(佘之祥,1993),再到党的十八大报告明确提出大力推进生态文明建设,流域水生态受到了更高的关注(任俊霖等,2016;张晓京,2018),并进入了重视水资源、水环境、水生态"三水共治"的阶段,再到统筹考虑水环境、水生态、水资源、水安全、水文化和岸线等多个方面。

随着水资源管理内容的发展,其承载力指标体系也越来越丰富,较多学者逐步将水环境和水生态纳入水资源承载力考虑范畴(郭倩等,2017;Jia et al.,2018;Bu et al.,2020)。白洁等(2020)从水资源、水环境和水生态维度选取万元 GDP 用水量、人均水资源量、水质达标率、水域面积率、建设用地面积占比等 16 项指标评价了白洋淀水环境承载力,而许长新等(2020)从水量、水质、水环境等维度构建了水环境承载力评价指标体系,二者构建的指标体系比较全面。张宁宁等(2019)在水资源数量、水环境容量、水域空间的基础上,添加水动力过程维度,构建了"量-质-域-流"的黄河流域水资源承载力评价指标体系。杜雪芳等(2022)等构建了包含水量、水质、水域和水流四个维度的 12 个指标体系,对中原城市群核心城市郑州水资源承载力进行研究。Zhao 等(2021)基于压力支持、破坏性恢复和退化促进理论框架评价了京津冀城市群的水资源承载力。Peng 等(2021)基于岩溶地区特殊的地理位置,首次提出驱动-压力-工程缺水-状态-生态基础-响应-管理概念的指标体系,对 2009—2018 年的水资源承载力进行评估。

然而,鲜有学者基于"双评价"的角度,从水资源量、水环境和水生态维度考虑对工业生产、农业生产、城镇建设和生态保护等方面的承载能力来构建指标体系,以落实空间布局优化。

四、水资源承载系统耦合协调发展相关研究

较多学者应用耦合协调发展模型来研究不同系统的协调发展状态,区分滞后型发展类

型(唐晓华等,2018;孙钰等,2020)。何宜庆等(2012)在勉强协调、中度失调的基础上区分了资源滞后型、经济滞后型和经济受损型;邢霞等(2020)认为黄河流域64个地级市经济发展水平明显滞后于用水效率;杨亮洁等(2020)构建了环境承载力与生态弹性限度的耦合协调发展模型,将河西走廊生态环境耦合协调分为高耦合协调增长型、高耦合协调减少型、中耦合协调增长型和低耦合协调增长型。

五、开发保护区划相关研究

目前,以"双评价"为支撑来编制国土空间规划已成为广泛共识(魏旭红等,2019;杨帆等,2020)。不同学者从多种尺度开展面向国土空间规划的"双评价"研究工作(岳文泽等,2020;周道静等,2020),一些学者以省级或者县市级尺度提出实践方案(岳文泽等,2018;白娟等,2020;李永浮等,2020;夏皓轩等,2020),开展国土空间地域功能优化工作(王亚飞等,2019;李思楠等,2020),同时还针对特色优势农业进行分析(苏鹤放等,2020)。其他学者对特定区域进行研究:李龙等(2020)基于生态文明视角开展岩溶地区"双评价"研究;王静等(2020)以烟台市为例,开展了基于城市资源环境承载力与面向可持续城市生态系统管理的国土空间开发适宜性评价;赵筱青等(2020)结合云南省的岩溶山区地貌开展国土空间优化分区研究;尹怡诚等(2020)基于"在地性"与"协同性"在湖南省辰溪县开展丘陵地区县域"双评价"模式探讨。国土空间规划与"双评价"理论体系构建研究逐渐增多,但少有基于水资源承载力和适宜性评价对流域进行的国土空间保护区划研究。

六、文献评述

纵观现有研究成果,学者们对水资源承载力的研究已取得多方面进展,构建了较为细化和全面的指标体系。但是,相关研究在以下几个方面存在拓展空间:一是在水资源承载力指标体系构建方面,现有研究很少从"双评价"角度考虑承载力与国土空间适宜性评价衔接,以及从主体功能定位角度考虑差异化考评重点;二是有必要进一步明确水资源承载力临界或者超载的"短板"是什么;三是从研究尺度看,水资源承载力评价多以省域、市域等中大尺度为主,缺少具体流域微观尺度的研究;四是在水资源承载力评价和适宜性评价的基础上对具体流域进行水资源开发保护区划研究。

第三节 研究区域

根据2019年审议通过的《湖北省清江流域水生态环境保护条例》,清江流域包括恩施土家族苗族自治州(以下简称恩施州)的利川市、恩施市、建始县、巴东县、咸丰县、宣恩县、鹤峰县与宜昌市的长阳土家族自治县(以下简称长阳县)、五峰土家族自治县(以下简称五峰县)、宜都市境内清江干流及其支流汇水面积内的水域和陆域。流域涉及的十个县市共有常住人口408.46万人,流域面积达1.7万 km^2(图1-2)。

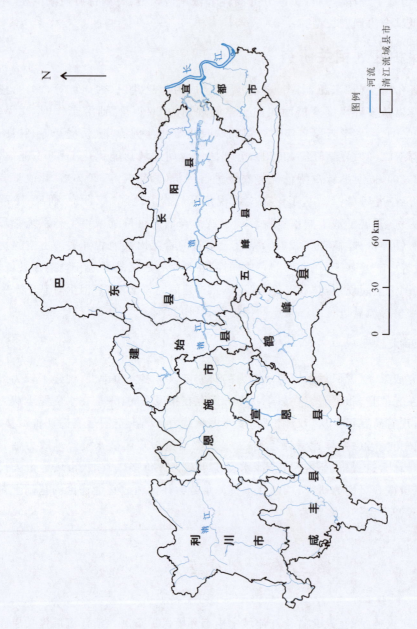

图1-2 清江流域行政分区示意图

第四节 研究内容与研究方法

一、研究内容

本研究瞄准水资源、水环境、水生态"三水共治"的需求,通过对清江流域水资源有关样本和数据资料的调查,分析清江流域水资源现状与管理成效,把握清江流域水资源的特点,构建清江流域水资源承载力评价理论与方法,分别从原值、余量和潜力三个层面评价清江流域水资源承载力,进而综合评价水资源承载力指数和耦合协调态势,并在此基础上,结合适宜性评价结果,提出清江流域水资源开发保护区划方案和提升清江流域水资源承载力及开发保护区划的对策建议。本书具体研究内容如下。

第一章,绪论。阐述研究背景与研究意义,综述相关文献,介绍研究区域、研究内容与研究方法。

第二章,清江流域水资源承载力评价理论与方法。在界定清江流域水资源承载力定义的基础上,从"三水共治"、主体功能定位等五个方面阐述清江流域水资源承载力的评价理论,并分别从原值、余量和潜力三个层面介绍水资源量、水环境和水生态三个维度的承载力评价方法。

第三章,清江流域水资源量维度承载力评价。从水资源总体情况、农业生产、城镇建设、工业发展、生态保护等方面选取指标,分别对清江流域水资源量的原值、余量和潜力进行评价与分析。

第四章,清江流域水环境维度承载力评价。从工业发展、农业生产和居民生活等方面选取指标,分别对清江流域水环境的原值、余量和潜力进行评价与分析。

第五章,清江流域水生态维度承载力评价。从生态保护等方面选取指标对清江流域水生态的原值、余量和潜力进行评价与分析。

第六章,清江流域水资源承载力集成评价和耦合协调分析。在介绍集成评价方法和耦合协调分析方法的基础上,综合分析评价清江流域水资源承载力综合指数以及耦合协调态势。

第七章,清江流域水资源开发适宜性评价。在资源环境承载力评价结果的基础上,分别判断清江流域各县市的水资源国土空间开发利用适宜程度,确定清江流域农业生产、城镇建设、生态保护的适宜用途区域。

第八章,清江流域水资源开发保护区划。阐述了清江流域水资源开发保护区划思路,并从供需平衡预测分析的角度规划水资源配置,进而提出清江流域水资源开发保护区划方案。

第九章,推进清江流域水资源承载力提升与开发保护区划的对策建议。从合理划分水资源领域财政事权和支出责任、推动监测巡护工作制度化体系、发挥国土空间各单元作用等方面提出推进清江流域水资源承载力提升与开发保护区划的对策建议。

二、研究方法

1. 访问调查法

访问调查法主要通过个体访问和集体座谈两种形式完成。通过访问调查法主要完成两个方面的任务：一是收集清江流域近五年行政区划、基础地理、资源环境、重要物种资源、关键生态系统、生物多样性、自然保护区、资源开发与利用、环境保护、水资源承载能力、社会经济等方面的相关数据；二是通过调查访谈获取宜昌市、恩施州以及清江流域包含的十个县市的政府部门（如县市人民政府、县市水文局、县市自然资源局、县市生态环境局等）和企业组织对提升水资源配置、划定水资源开发保护区划的意见与建议。

2. 关键指标法

关键指标法是将关键指标当作评价标准。本研究参考自然资源部于2020年印发的《资源环境承载能力和国土空间开发适宜性评价指南（试行）》从原值、余量和潜力三个层面选取关键指标评价清江流域水资源承载能力。

3. 集成评价方法

集成评价方法有助于从总体把握清江流域水资源承载能力。本研究在利用关键指标法对单个关键指标进行评价的基础上，运用极差法标准化方法、变异系数定权法和TOPSIS法进行清江流域水资源承载力的综合评价，从时间和空间上把握清江流域水资源承载力的演变态势。

4. 耦合协调度法

清江流域水资源承载力要达到"三水共治"的效果，则水资源、水环境和水生态任何一方均不可落下。耦合协调度法能够帮助判断清江流域水资源量、水环境和水生态三个子系统是否共同达到最优状态，也有助于探寻清江流域水资源承载力优化的短板，进而提出有针对性的对策建议。

第五节 技术路线

本书的技术路线如图1-3所示。

第一章 绪 论

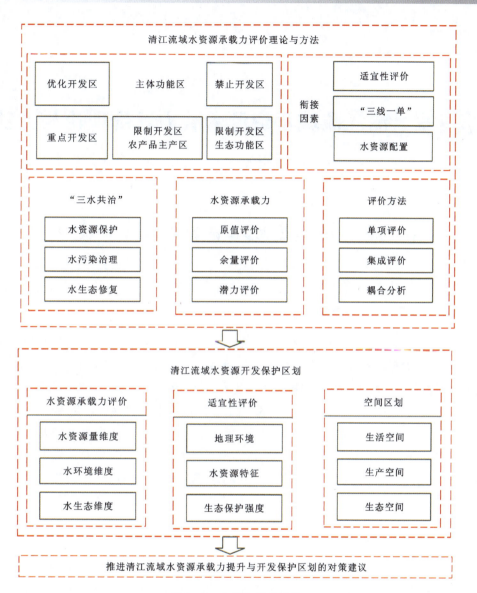

图 1-3 本书的技术路线

第二章　清江流域水资源承载力评价理论与方法

第一节　清江流域水资源承载力的定义

1. 自然资源部水资源承载力

2020年1月自然资源部印发的《资源环境承载能力和国土空间开发适宜性评价指南（试行）》明确提出，资源环境承载力是指基于一定发展阶段、经济技术水平和生产生活方式，一定地域范围内资源环境要素能够支撑的农业生产、城镇建设等人类活动的最大规模。

自然承载能力有三种形态：原值、余量、潜力。原值是指自然界各自然要素及其自然综合体本底属性的集成，也就是人类利用程度为零时的承载力；余量是指原值减去已被人类占用的承载力量值，也就是承载力的现状值；潜力是指未来因自然界变化或人类作用而对自然承载力的改变所形成的数值。一个合理的国土空间规划必须对原值、余量、潜力进行全面评价、准确把握和合理运用，不同的值在国土空间不同的工作范畴内发挥的作用是不同的。

2. 清江流域水资源承载力

清江流域水资源承载力是指基于清江流域的发展阶段、经济技术水平和生产生活方式，其水资源要素能够支撑的农业生产、城镇建设、生态保护等人类活动的最大规模，包含原值、余量和潜力三种形态。

清江流域水资源承载力的原值是指其水资源丰度，以降水量或水资源可利用量来反映水资源的丰富程度，表征区域水资源对农业生产、城镇建设和生态保护的保障能力。

清江流域水资源承载力的余量是指在考虑人类使用自然资源的情况下，水资源承载力原值与已被人类占用的水资源量的差额，表征区域水资源剩余量对农业生产、城镇建设和生态保护的保障能力。

清江流域水资源承载力的潜力是指在维系生态系统健康的前提下，综合考虑资源环境要素和区位条件，未来因自然界变化或人类作用而使清江流域水资源对农业生产、城镇建设和生态保护保障能力的改变所形成的数值。

要对清江流域进行合理的空间区划,必须对其水资源承载力的原值、余量和潜力进行全面评价、准确把握和合理运用,因此,在构建清江流域水资源承载力评价指标体系时必须兼顾原值、余量和潜力三者的评价。

第二节 清江流域水资源承载力评价理论

流域水资源承载力评价和预警体系可以行政区为评价单元,开展基础评价、专项评价、综合评价和趋势评价,明确承载力超载类型及因素,划分红色、橙色、黄色、蓝色和绿色预警等级,从自然资源禀赋、社会经济发展和资源环境管理等方面分析超载的原因,并提出有针对性的政策建议(图2-1)。水资源承载力评价是上述体系的基础。本书的水资源承载力评价思路如图2-2所示。

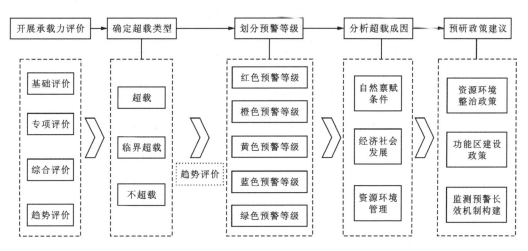

图2-1 流域水资源承载力评价思路

一、反映"三水共治"的任务

本书基于"三水共治"的目标,分别从水资源保护、水污染治理、水生态修复三个维度构建水资源量、水环境、水生态承载力评价指标体系。同时,考虑到县市空间规划要通过"三区"(城镇空间、农业空间、生态空间)比例落实主体功能定位,以"三线"(生态保护红线、永久基本农田、城镇开发边界)提升主体功能的底线管控要求,因此,在构建水资源量、水环境、水生态三个维度的清江流域水资源承载力评价指标体系时,应具体细化到清江流域水资源对"三区"发展的承载能力,以"三线"等定额指标为基础明确清江流域水资源对"三区"发展承载能力的潜力。

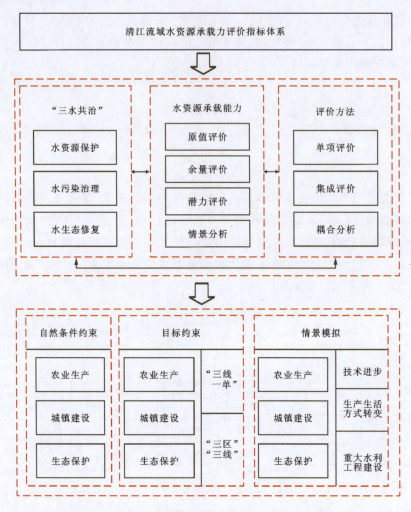

图 2-2 清江流域水资源承载力评价指标体系构建思路

二、体现主体功能区差异化的考评重点

《全国主体功能区规划》将我国国土空间划分为优化开发区、重点开发区、限制开发区和禁止开发区四大类型主体功能区,其中限制开发区包括农产品主产区和生态功能区。不同开发区域的考评重点不同,可考虑通过动态地增添指标来适应不同主体功能区,从而建立一套更为灵活的指标体系,以适应不同主体功能区发展的差异化需要(图 2-3)。本书的研究区域属于限制开发区,其中有少数点状区域,如湖北清江国家森林公园、湖北柴埠溪国家森林公园、湖北五峰后河国家级自然保护区,属于禁止开发区。从清江流域所包含的行政区域来看,恩施市、利川市、建始县、巴东县、宣恩县、咸丰县、鹤峰县、长阳县、五峰县均属于限制开发区的生态功能区,宜都市属于限制开发区的农产品主产区。因此,清江流域水资源承载力评价指标体系应体现限制开发区特色的考评重点。

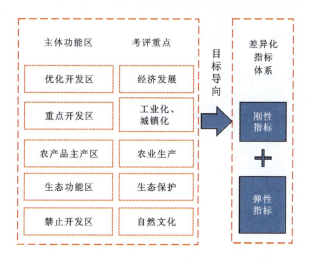

图 2-3　基于主体功能区考评重点的差异化指标体系构建思路

三、与"三线一单"和国土空间适宜性评价相衔接

　　水资源承载力评价是水资源适宜性评价的基础,有助于"三区"空间规划,同时促进水资源优化配置,反过来,水资源优化配置后提升水资源承载力,形成一个循环的过程(图2-4)。流域县市空间规划要通过"三区"比例落实主体功能定位,以"三线"提升主体功能的底线管控要求,因此,在构建水资源量、水环境、水生态三个维度的清江流域水资源承载力评价指标体系时,应具体细化到清江流域水资源对"三区"发展的承载能力,以"三线"等定额指标为基础明确清江流域水资源对"三区"发展承载能力的潜力。

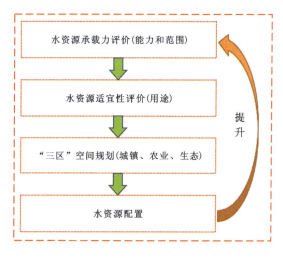

图 2-4　水资源承载力提升的循环过程

四、兼顾清江流域水资源承载力的单项评价、集成评价和耦合分析

水资源承载力的单项指标有助于从客观上核算水资源对农业生产、城镇建设和生态保护的承载能力,因此,在指标体系构建时,需选取灌溉可用水量、可承载的灌溉规模、可承载的耕地规模、城镇可用水量和可承载的建设用地最大规模等单项指标。为了总体评价清江流域各局部区域的水资源承载力,还需要考虑对单项指标进行集成评价,因而应采用合适的方法测算清江流域水资源承载力集成评价指数,并进行耦合协调度分析,明确局部区域水资源承载力的短板。因此,清江流域水资源承载力评价应兼顾单项评价、集成评价和耦合分析(图2-5)。

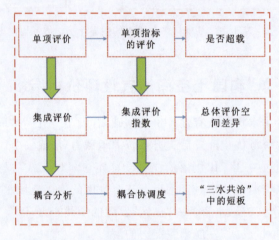

图2-5 单项评价、集成评价和耦合分析思路

五、兼顾清江流域水资源承载力原值、余量和潜力评价

清江流域水资源承载力的三种形态在空间治理中具有不同的用途。清江流域水资源承载力的原值有助于客观认知本底条件对人类社会系统的支撑能力;余量反映现状值,即现在水资源承载的剩余量;潜力是指还可以挖掘的水资源承载力。

因此,清江流域水资源承载力需要考虑原值、余量和潜力三种形态,且在各种形态值测算时均应考虑众多因素的变化所带来的原值、余量和潜力的变化。这些因素主要表现在:①自然环境变化,如降水变化导致的水资源丰度增加;②人类整治和建设自然所带来的自然环境改变,如水利工程对水生态容量的影响;③技术进步导致的对自然界扰动强度的改变,如单位GDP水资源消耗强度和水污染物排放强度等。同时,清江流域水资源承载力原值、余量和潜力是变化的,无论采用水资源承载力的阈值或采用承载对象如人口数量、经济产出规模等表达,都是变化的。动态的清江流域水资源承载力的原值、余量和潜力应纳入考虑范畴。

就清江流域自身而言,其水资源量相对比较充沛,水环境质量相对较好,生物多样性、水土保持功能较完善。然而,作为湖北省、长江经济带乃至全国的重点生态功能区域,清江流域的水资源不仅承载着清江流域自身的发展,还必须承载湖北省、长江经济带,乃至全国的发展。须支持湖北省"一芯两带三区""鄂西绿色发展示范区"的建设,须符合长江经济带"共抓大保护,不搞大开发"的要求,须达到《全国主体功能区规划》《水污染防治计划》等的目标。

因此,应综合考虑国家重大工程建设、交通基础设施变化等多方面的因素,分析降水量变化、技术进步、生产生活方式转变等对水资源承载力的不同影响,分析给出并比对相应的评价结果,支撑清江流域开发区划多方案决策。具体而言,可在定额目标下测算清江流域水资源承载力时,对定额目标进行一定幅度的调整。本研究的定额目标分别以宜昌市、恩施州、湖北省、长江经济带、全国的相关标准来确定,并在此基础上对定额目标浮动-10%、-5%、+5%、+10%进行敏感性分析,结合实际情况分析清江流域水资源承载力和定额目标的适宜情况(图2-6)。

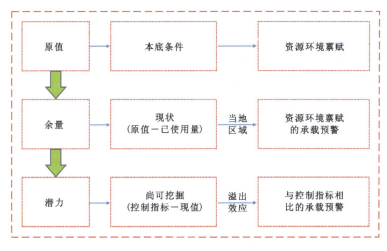

图2-6 水资源承载力原值、余量和潜力的评价思路

第三节 清江流域水资源承载力原值评价

一、清江流域水资源承载力原值评价方法

清江流域水资源承载力的原值表征区域水资源对农业生产、城镇建设和生态保护的保障能力,通过清江流域在农业生产、城建建设和生态保护方面的水资源丰富程度反映。

清江流域水资源承力原值单项评价：
$$O_{\text{WRCC}} = f(x_1, x_2, \cdots, x_n) \tag{2-1}$$
式中，f 为函数，可能是求最大值，也可能是最小值；$x_1, x_2, \cdots, x_n$ 为相关的 n 个指标；O_{WRCC} 为单项水资源承载力原值。

二、清江流域水资源量维度承载力原值评价指标

清江流域水资源量维度承载力原值评价指标如表 2-1 所示。

表 2-1　清江流域水资源量维度承载力原值评价指标

目标层	准则层	指标层
水资源量维度承载力原值评价	水资源总体情况	水资源丰度原值
	农业生产	农业灌溉可用水量原值
		可承载灌溉规模原值
		可承载耕地规模原值
	城镇建设	城镇可用水量原值
		可承载建设用地最大规模原值
	工业发展	工业用水量原值
	生态保护	生态可用水量原值
		基本生态环境需水量原值

（1）水资源丰度原值。
$$\begin{aligned} 水资源丰度原值 &= f(降水量, 水资源可利用量) \\ &= \max(降水量, 水资源可利用量) \end{aligned} \tag{2-2}$$

水资源丰度原值是指区域水资源的丰富程度，由降水量和水资源可利用量决定，以降水量和水资源可利用量的最大值表示。

降水量：基于区域内及邻近地区气象站点长系列降水观测资料，通过空间插值得到格网尺度的多年平均降水量。

水资源可利用量：以重要河流水系为评价单元，在生态环境保护和水资源可持续利用前提下，通过可供河道外社会经济系列开发利用消耗的最大水量（按不重复水量计）反映。

（2）农业灌溉可用水量原值。
$$\begin{aligned} 农业灌溉可用水量原值 &= 农业供水条件 \\ &= f(水资源丰度原值, 灌溉便利性) \\ &= 水资源丰度原值 \times 灌溉便利性 \end{aligned} \tag{2-3}$$

农业灌溉可用水量原值是指在人类不使用水资源的情况下，农业灌溉可用的水资源总

量,由水资源丰度原值和灌溉便利性决定。设定农业用水合理占比,以灌溉便利性表示,再乘以水资源丰度原值,得到农业灌溉可用水总量。

农业供水条件:农业生产的水资源供给条件。

灌溉便利性:农业灌溉工程建设的基础条件,需满足一定的供水距离和提水高程条件。

(3)可承载灌溉规模原值。

$$
\begin{aligned}
可承载灌溉规模原值 &= f(农业灌溉可用水量原值,农田综合灌溉定额) \\
&= 农业灌溉可用水量原值 \div 农田综合灌溉定额
\end{aligned}
\tag{2-4}
$$

农业灌溉可用水量原值和农田综合灌溉定额的比值,即为相应条件下的可承载灌溉规模原值。

农田综合灌溉定额:单位农田所需灌溉水量的定额消耗。

(4)可承载耕地规模原值。

$$
\begin{aligned}
可承载耕地规模原值 &= f(可承载灌溉规模原值,单纯以天然降水为水源的农业面积) \\
&= 可承载灌溉规模原值 + 单纯以天然降水为水源的农业面积
\end{aligned}
\tag{2-5}
$$

可承载耕地规模原值包括可承载灌溉规模原值和单纯以天然降水为水源的农业面积。

单纯以天然降水为水源的农业面积是指雨养农业面积。雨养农业需要适应当地降水规律,雨养农业面积取决于作物生长期内降水量以及降水过程与作物需水过程的一致程度。可采用彭曼公式计算作物蒸腾蒸发量,并参考联合国粮农组织推荐的作物系数计算主要作物的生长期耗水量;采用SCS模型等方法确定实际补充到作物根系层的有效降水量。

(5)城镇可用水量原值。

$$
\begin{aligned}
城镇可用水量原值 &= 城镇供水条件 \\
&= f(水资源丰度原值,供水便利性) \\
&= 水资源丰度原值 \times 供水便利性
\end{aligned}
\tag{2-6}
$$

城镇可用水量是指城镇建设可使用的最大水资源量,以城镇供水条件表示,表明城镇开发的水资源供给条件。

供水便利性是指城镇供水工程建设的基础条件,需满足一定的供水比例和提水高程条件。

(6)可承载建设用地最大规模原值。

$$
\begin{aligned}
可承载建设用地最大规模原值 &= f(城镇可用水量原值,城镇人均需水量, \\
&\quad 人均城镇建设用地定额) \\
&= 城镇可用水量原值 \div 城镇人均需水量 \times \\
&\quad 人均城镇建设用地定额
\end{aligned}
\tag{2-7}
$$

可承载建设用地最大规模原值:采用评价区域城镇可用水量原值除以城镇人均需水量,得出评价区域的人口规模,再用人口规模乘以人均城镇建设用地定额。

城镇人均需水量:根据《城市居民生活用水量标准》(GB/T 50331—2002)合理确定不同地区城镇居民生活用水量,按照国际人均工业用水量标准和地区经验值综合确定人均工业用水量。

(7) 工业用水量原值。

$$工业用水量原值 = f(工业用水量,总用水量)$$
$$= 工业用水量 \div 总用水量 \quad (2-8)$$

工业用水量指的是在特定的时空范围内,维持工业正常发展所需的水资源量。

(8) 生态可用水量原值。

$$生态可用水量原值 = f(生态用水量,总用水量,用水限额)$$
$$= 生态用水量 \div 总用水量 \times 用水限额 \quad (2-9)$$

生态可用水量原值是指在特定的时空范围内,维持各类生态系统正常发育与相对稳定可以使用的、不作为社会用水和经济用水的、现存的水资源量。

(9) 基本生态环境需水量原值。

河道内基本生态环境需水量是维系河湖给定的生态环境保护目标所对应的生态环境功能不丧失、需要保留在河道内的最小水量。

三、清江流域水环境维度承载力原值评价指标

以已有相关国家和区域文件为基础,笔者拟定水环境维度承载力原值评价指标,具体如表 2-2 所示。

表 2-2 清江流域水环境维度承载力原值评价指标

目标层	准则层	指标层	计算方法
水环境维度承载力原值评价	工业发展	COD(chemical oxygen demand,化学需氧量)排放总量原值	统计数据
		工业废水排放总量原值	统计数据
	农业生产	氮肥排放量原值	统计数据
		化肥排放量原值	统计数据
	居民生活	城市生活污水排放量原值	统计数据
		农村生活污水排放量原值	统计数据
		生活污水排放量原值	统计数据

(1) COD 排放总量原值。

$$\begin{aligned} COD\ 排放总量原值 &= 水环境 COD 容量 \\ &= 水环境功能区 COD 目标浓度 \times 可利用地表水资源量 + \\ &\quad 污染物综合降解系数(COD 降解系数 K 综合消减系数取 0.18) \times \\ &\quad 可利用地表水资源量 \times 水环境功能区 COD 目标浓度 \end{aligned}$$
$$(2-10)$$

COD 排放量是指工业废水中用化学氧化剂氧化水中有机污染物时所需的氧量。

COD 排放总量原值即为水环境 COD 容量,是指自然环境承纳主要水污染物 COD 的能力。

(2)工业废水排放总量原值。
$$工业废水排放总量原值 = \max(统计年份工业废水总量) \qquad (2-11)$$

(3)氮肥排放量原值。
$$氮肥排放量原值 = \max(统计年份氮肥排放量) \qquad (2-12)$$

(4)化肥排放量原值。
$$化肥排放量原值 = \max(统计年份化肥排放量) \qquad (2-13)$$

(5)城市生活污水排放量原值。
$$城市生活污水排放量原值 = f(城市生活污水排放量)$$
$$= 城市生活污水排放量 \qquad (2-14)$$

(6)农村生活污水排放量原值。
$$农村生活污水排放量原值 = f(农村生活污水排放量)$$
$$= 农村生活污水排放量 \qquad (2-15)$$

(7)生活污水排放量原值。
$$生活污水排放量原值 = f(生活污水排放量)$$
$$= 生活污水排放量 \qquad (2-16)$$

第四节 清江流域水资源承载力余量评价

一、清江流域水资源承载力余量评价方法

清江流域水资源承载力余量评价旨在通过测算区域水资源剩余量来衡量水资源对农业生产、城镇建设和生态保护的保障能力,有利于把握清江流域水资源量、水环境、水生态的发展规划。本研究构建清江流域水资源承载力评价计算公式如下:
$$余量 = 原值 - 已使用量 \qquad (2-17)$$

式(2-17)通过各项指标的原值与已使用量之差即水资源承载力原值和已被人类占用的水资源量的差额表示清江流域水资源承载力的余量,以此观察清江流域水资源量维度、水环境维度和水生态维度的保障能力。

二、清江流域水资源量维度承载力余量评价指标

清江流域水资源量维度承载力余量评价指标如表 2-3 所示。

表 2-3 清江流域水资源量维度承载力余量评价指标

目标层	准则层	指标层
水资源量维度承载力余量评价	水资源总体情况	水资源可开发利用余量
	农业生产	农业灌溉可用水量余量
		可承载灌溉规模余量
		可承载耕地规模余量
	城镇建设	城镇可用水量余量
		可承载建设用地最大规模余量
	工业发展	工业用水量余量
	生态保护	生态可用水量余量
		基本生态环境需水量余量

(1) 水资源可开发利用余量。

$$\begin{aligned}水资源可开发利用余量 &= f(水资源丰度原值, 用水量) \\ &= 水资源丰度原值 - 用水量\end{aligned} \quad (2-18)$$

(2) 农业灌溉可用水量余量。

$$\begin{aligned}农业灌溉可用水量余量 &= f(灌溉可用水量控制指标, 农业灌溉已用水量) \\ &= 农业灌溉可用水量原值 - 农业灌溉已用水量\end{aligned} \quad (2-19)$$

(3) 可承载灌溉规模余量。

$$\begin{aligned}可承载灌溉规模余量 &= f(农业灌溉可用水量余量, 农田综合灌溉定额) \\ &= 农业灌溉可用水量余量 \div 农田综合灌溉定额\end{aligned} \quad (2-20)$$

农田综合灌溉定额是指单位农田所需灌溉水量的定额消耗。

(4) 可承载耕地规模余量。

$$\begin{aligned}可承载耕地规模余量 &= f(可承载的灌溉规模余量, 单纯以天然降水为\\ &\quad\;水源的农业面积余量) \\ &= 可承载的灌溉规模余量 + 单纯以天然降水为\\ &\quad\;水源的农业面积余量\end{aligned} \quad (2-21)$$

单纯以天然降水为水源的农业面积是指雨养农业面积。单纯以天然降水为水源的农业面积余量是指雨养农业面积减去雨养农业面积现值。

(5) 城镇可用水量余量。

城镇可用水量余量是指城镇建设可使用的水资源量原值与已使用的城镇用水量的差额。

$$\begin{aligned}城镇可用水量余量 &= 城镇供水条件余量 \\ &= f(城镇建设可用水量原值, 城镇建设已用水量) \\ &= 城镇建设可用水量原值 - 城镇建设已用水量\end{aligned} \quad (2-22)$$

(6) 可承载建设用地最大规模余量。

$$可承载建设用地最大规模余量 = f(城镇可用水量余量,城镇人均需水量,\\人均城镇建设用地定额)\\= 城镇可用水量余量 \div 城镇人均需水量 \times\\人均城镇建设用地定额 \quad (2-23)$$

可承载建设用地最大规模余量:采用评价区域城镇可用水量余量除以城镇人均需水量,得出评价区域内人口规模。再用人口规模乘以人均城镇建设用地定额,测算可承载的建设用地最大规模余量。

城镇人均需水量:根据《城市居民生活用水量标准》(GB/T 50331—2002)合理确定不同地区城镇居民生活用水量,按照国际人均工业用水量标准和地区经验值综合确定人均工业用水量。

(7) 工业用水量余量。

$$工业用水量余量 = f(工业用水量原值,工业用水量现值)\\= 工业用水量原值 - 工业用水量现值 \quad (2-24)$$

(8) 生态可用水量余量。

$$生态可用水量余量 = 生态可用水量原值 - 生态用水量 \quad (2-25)$$

(9) 基本生态环境需水量余量。

$$基本生态环境需水量余量 = 多年月平均流量 - 基本生态环境需水量原值 \quad (2-26)$$

三、清江流域水环境维度承载力余量评价指标

清江流域水环境维度承载力余量评价指标如表 2-4 所示。

表 2-4 清江流域水环境维度承载力余量评价指标

目标层	准则层	指标层
水环境维度承载力余量评价	工业发展	COD 排放总量余量
		工业废水排放总量余量
	农业生产	氮肥排放量余量
		化肥排放量余量
	居民生活	城市生活污水排放量余量
		县城生活污水排放量余量
		农村生活污水排放量余量
		生活污水排放量余量

(1) COD 排放总量余量。

$$COD 排放总量余量 = COD 排放总量原值 - COD 排放总量现值 \quad (2-27)$$

(2) 工业废水排放总量余量。

$$工业废水排放总量余量 = 工业废水排放总量原值 - 工业废水排放总量现值 \quad (2-28)$$

(3) 氮肥排放量余量。

$$氮肥排放量余量 = 氮肥排放量原值 - 氮肥排放量现值 \quad (2-29)$$

(4) 化肥排放量余量。

$$化肥排放量余量 = 化肥排放量原值 - 化肥排放量现值 \quad (2-30)$$

(5) 城市生活污水排放量余量。

$$城市生活污水排放量余量 = 城市生活污水排放量原值 - 城市生活污水排放量现值 \quad (2-31)$$

(6) 县城生活污水排放量余量。

$$县城生活污水排放量余量 = 县城生活污水排放量原值 - 县城生活污水排放量现值 \quad (2-32)$$

(7) 农村生活污水排放量余量。

$$农村生活污水排放量余量 = 农村生活污水排放量原值 - 农村生活污水排放量现值 \quad (2-33)$$

(8) 生活污水排放量余量。

$$生活污水排放量余量 = 生活污水排放量原值 - 生活污水排放量现值 \quad (2-34)$$

四、清江流域水生态维度承载力余量评价指标

清江流域水生态维度承载力余量评价指标如表 2-5 所示。

表 2-5 清江流域水生态维度承载力余量评价指标

目标层	准则层	指标层
水生态维度承载力余量评价	生态保护	造林面积余量
		生态用水率余量
		饮用水水源地水质达标率余量
		生态保护红线面积占比余量
		水体富营养化余量
		水电站数量余量

(1) 造林面积余量。

$$造林面积余量 = 造林面积原值 - 造林面积现值 \quad (2-35)$$

(2) 生态用水率余量。

$$\text{生态用水率余量} = \text{生态用水率原值} - \text{生态用水率现值} \quad (2-36)$$

(3) 饮用水水源地水质达标率余量。

$$\text{饮用水水源地水质达标率余量} = \text{饮用水水源地水质达标率原值} -$$
$$\text{饮用水水源地水质达标率现值} \quad (2-37)$$

(4) 生态保护红线面积占比余量。

$$\text{生态保护红线面积占比余量} = |\text{生态保护红线面积占比原值} -$$
$$\text{生态保护红线面积占比现值}| \quad (2-38)$$

(5) 水体富营养化余量。

$$\text{水体富营养化余量} = \text{水体富营养化原值} - \text{水体富营养化现值} \quad (2-39)$$

(6) 水电站数量余量。

$$\text{水电站数量余量} = |\text{水电站数量原值} - \text{水电站数量现值}| \quad (2-40)$$

第五节 清江流域水资源承载力潜力评价

一、清江流域水资源承载力潜力评价方法

定额目标的水资源承载力评价有助于清江流域把控水资源量、水环境、水生态的剩余可承载空间。本研究构建清江流域水资源承载力评价计算公式如下：

(1) 当指标为正向指标时（如生态功能区面积），定额目标 X_t 通常为底线，构建的定额目标承载力评价公式为：

$$\begin{cases} X = X_i - X_t \\ Y = X/X_t \end{cases} \quad (2-41)$$

式中，Y 为水资源承载力率；X 为水资源承载潜力；X_t 为各项指标的定额目标值；X_i 为各项指标的现值。

(2) 当指标为负向指标时（如用水总量），定额目标 X_t 通常为上限，构建的定额目标承载力评价公式为：

$$\begin{cases} X = X_t - X_i \\ Y = X/X_t \end{cases} \quad (2-42)$$

式中，Y 为水资源承载力率；X 为水资源承载潜力；X_t 为各项指标的定额目标值；X_i 为各项指标的现值。

式(2-41)和式(2-42)通过各项指标的定额目标与现值之差即剩余可发展的空间与该指标的定额目标值的比值表示剩余承载力率。若 X 的值大于 0，则说明水资源未超载，Y 表示未超载情况下剩余可承载的空间；反之，若 X 的值大于 0，则说明水资源已超载，Y 表示已

超载的范围。以此观察清江流域定额目标下水资源量维度、水环境维度和水生态维度的承载力情况。

二、清江流域水资源量维度承载力潜力评价指标

1. 具体指标

清江流域水资源量维度承载力潜力评价指标如表 2-6 所示。

表 2-6　清江流域水资源量维度承载力潜力评价指标

目标层	准则层	指标层
水资源量维度承载力潜力评价	水资源总体情况	水资源可开发利用潜力
	农业生产	农业灌溉可用水量潜力
		可承载灌溉规模潜力
		可承载耕地规模潜力
	城镇建设	城镇可用水量潜力
		可承载建设用地最大规模潜力
	工业发展	工业用水量潜力
	生态保护	生态可用水量潜力
		基本生态环境需水量潜力

(1) 水资源可开发利用潜力。

$$水资源可开发利用潜力 = 用水总量定额目标 - 用水量 \quad (2-43)$$

用水总量定额目标是指水资源管理"三条红线"中的用水总量定额目标,县级行政区指标由各级政府部门分解得到。

(2) 农业灌溉可用水量潜力。

$$\begin{aligned}农业灌溉可用水量潜力 &= 农业供水潜力 \\ &= f(农业灌溉可用水量定额目标,灌溉已用水量) \quad (2-44) \\ &= 农业灌溉可用水量定额目标 - 灌溉已用水量\end{aligned}$$

农业灌溉可用水量潜力是指灌溉可用水量定额目标超过灌溉已用水量的空间。其中农业灌溉可用水量定额目标是指在考虑不同区域供用水结构、粮食生产任务、三产结构等情景的前提下,结合水资源相关成果,设定农业用水合理比例,乘以评价区域用水总量定额目标,得到不同情景下的灌溉可用水量控制指标。

(3) 可承载灌溉规模潜力。

$$\begin{aligned}可承载灌溉规模潜力 &= f(灌溉可用水量潜力,农田综合灌溉定额目标) \\ &= 灌溉可用水量潜力 - 农田综合灌溉定额目标\end{aligned} \quad (2-45)$$

可承载灌溉规模潜力是指灌溉可用水量潜力所能承载的灌溉面积。

灌溉可用水量潜力和农田综合灌溉定额目标的差值,即为相应条件下可承载的灌溉规模潜力。

农田综合灌溉定额目标是指单位农田所需灌溉水量的定额消耗,本研究取历年灌溉亩均用水量平均值。

(4)可承载耕地规模潜力。

$$
\begin{aligned}
可承载耕地规模潜力 &= f(可承载的灌溉规模潜力,单纯以天然降水为\\
&\quad 水源的农业面积潜力)\\
&= 可承载的灌溉规模潜力 + 单纯以天然降水为\\
&\quad 水源的农业面积潜力
\end{aligned}
\tag{2-46}
$$

可承载耕地规模潜力包括可承载的灌溉规模潜力和单纯以天然降水为水源的农业面积。

(5)城镇可用水量潜力。

$$
\begin{aligned}
城镇可用水量潜力 &= 城镇供水条件潜力\\
&= f(城镇建设可使用的水资源量控制指标,城镇建设\\
&\quad 已用水量)\\
&= 城镇建设可用水量控制指标 - 城镇建设已用水量
\end{aligned}
\tag{2-47}
$$

城镇可用水量潜力是指城镇建设可使用的水资源量控制指标与城镇建设已用水量的差额。其中城镇建设可使用的水资源量控制指标是指在不同区域供用水结构、工艺技术、工业生产任务、三产结构等情景下,结合水资源配置相关成果,设定生活和工业用水合理占比,乘以评价区域用水总量控制指标,得到不同情景下城镇建设可用水总量控制指标。

(6)可承载建设用地最大规模潜力。

$$
\begin{aligned}
可承载建设用地最大规模潜力 &= f(城镇可用水量潜力,城镇人均需水量,\\
&\quad 人均城镇建设用地定额)\\
&= 城镇可用水量潜力 - 城镇人均需水量 \times\\
&\quad 人均城镇建设用地定额
\end{aligned}
\tag{2-48}
$$

城镇人均需水量:根据《城市居民生活用水量标准》(GB/T 50331—2002)合理确定不同地区的城镇居民生活用水量,按照国际人均工业用水量标准和地区经验值综合确定人均工业用水量。

(7)工业用水量潜力。

$$
\begin{aligned}
工业用水量潜力 &= f(定额用水量,工业用水量现值)\\
&= 定额用水量 - 工业用水量现值
\end{aligned}
\tag{2-49}
$$

(8)生态可用水量潜力。

$$
生态可用水量潜力 = 生态可用水原值 - 生态可用水余量 \tag{2-50}
$$

生态可用水原值是指在特定的时空范围内,维持各类生态系统正常发育与相对稳定可以使用的、不作为社会用水和经济用水的、现存的水资源量。

(9)基本生态环境需水量潜力。

$$\text{基本生态环境需水量潜力} = \text{生态需水量余量} - \text{基本生态环境需水量} \quad (2-51)$$

2. 定额目标

我国政府部门已在相关文件中对部分指标提出了明确的控制要求,如新增供水能力、用水总量、万元 GDP 用水量、万元工业增加值用水量等指标。因此,本研究不另外单独计算定额目标,以相关文件中明确规定的控制指标值为定额目标的约束值。各项指标的定额目标、计算方法和数据来源如表 2-7 所示。

表 2-7 清江流域水资源量维度承载力评价指标的定额目标

目标层	指标层	计算方法	定额目标	数据来源
水资源量维度承载力潜力评价	新增供水能力	统计数据	9.8 亿 m³	《湖北省水利发展"十三五"规划》
	用水总量	统计数据	29.08 亿 m³	《恩施州生态建设和林业发展"十三五"规划》《宜昌市生态建设与环境保护"十三五"专项规划》
	水资源开发利用率	供水量/水资源总量	15.97 亿 m³	《湖北省水利发展"十三五"规划》
	万元 GDP 用水量	用水总量/GDP 总量	下降 30%	《湖北省水利发展"十三五"规划》
	万元工业增加值用水量	工业用水量/工业增加值	31m³/万元	《宜昌市生态建设与环境保护"十三五"专项规划》
	农田灌溉水有效利用系数	统计数据	恩施州,0.55;宜昌市,0.54	《恩施州生态建设和林业发展"十三五"规划》《宜昌市生态建设与环境保护"十三五"专项规划》

三、清江流域水环境维度承载力潜力评价指标体系的构建

清江流域水环境维度承载力潜力评价指标如表 2-8 所示。

1. 具体指标

(1)COD 排放总量潜力。

$$\text{COD 排放总量潜力} = \text{COD 排放总量定额目标} - \text{COD 已排放量} \quad (2-52)$$

(2)工业废水排放总量潜力

$$\text{工业废水排放总量潜力} = \text{工业废水排放总量定额目标} - \text{工业废水已排放量} \quad (2-53)$$

(3)氮肥排放量潜力。

$$\text{氮肥排放量潜力} = \text{氮肥排放量定额目标} - \text{氮肥已排放量} \quad (2-54)$$

表 2-8 清江流域水环境维度承载力潜力评价指标

目标层	准则层	指标层	计算方法
水环境维度承载力潜力评价	工业发展	COD 排放总量潜力	统计数据
		工业废水排放总量潜力	统计数据
	农业生产	氮肥排放量潜力	统计数据
		化肥排放量潜力	统计数据
	居民生活	城市生活污水排放量潜力	统计数据
		县城生活污水排放量潜力	统计数据
		农村生活污水排放量潜力	统计数据
		生活污水排放量潜力	统计数据

（4）化肥排放量潜力。

$$化肥排放量潜力 = 化肥排放量定额目标 - 化肥已排放量 \qquad (2-55)$$

（5）城市生活污水排放量潜力。

$$城市生活污水排放量潜力 = 城市生活污水排放量定额目标 - 当前城市生活污水排放量 \qquad (2-56)$$

（6）县城生活污水排放量潜力。

$$县城生活污水排放量潜力 = 县城生活污水排放量定额目标 - 当前县城生活污水排放量 \qquad (2-57)$$

（7）农村生活污水排放量潜力。

$$农村生活污水排放量潜力 = 农村生活污水排放量定额目标 - 当前农村生活污水排放量 \qquad (2-58)$$

（8）生活污水排放量潜力

$$生活污水排放量潜力 = 生活污水排放量潜力定额目标 - 当前生活污水排放量 \qquad (2-59)$$

2. 定额目标

清江流域水环境维度承载力潜力评价指标的定额目标及其来源如表 2-9 所示。

表 2-9 清江流域水环境维度承载力潜力评价指标的定额目标

目标层	指标层	计算方法	定额目标	数据来源
水环境维度承载力潜力评价	COD 排放总量潜力	统计数据	宜昌市，14%（较 2015 年）；恩施州，3%	《省人民政府关于分解下达"十三五"空气环境质量和主要污染物总量减排目标任务的通知》
	氮肥排放量潜力	统计数据	宜昌市，14%（较 2015 年）；恩施州，3%	《省人民政府关于分解下达"十三五"空气环境质量和主要污染物总量减排目标任务的通知》

续表 2-9

目标层	指标层	计算方法	定额目标	数据来源
水环境维度承载力潜力评价	化肥排放量潜力	统计数据	宜昌市,10%（较2015年）	《宜昌市生态建设与环境保护"十三五"专项规划》
	城市污水处理率潜力	统计数据	恩施州,95%	《恩施州生态建设和林业发展"十三五"规划》
	县城污水处理率潜力	统计数据	恩施州,85%	《恩施州生态建设和林业发展"十三五"规划》
	农村污水处理率潜力	统计数据	恩施州,50%	《恩施州生态建设和林业发展"十三五"规划》
	功能区水质达标率潜力	统计数据	恩施州,75%以上；湖北省,85%	《恩施州生态建设和林业发展"十三五"规划》《湖北省水利发展"十三五"规划》
	地表水断面达到Ⅲ类以上的水质比例	统计数据	恩施州,100%；宜昌市,88.9%	《恩施州生态建设和林业发展"十三五"规划》《宜昌市生态建设与环境保护"十三五"专项规划》

四、清江流域水生态维度承载力潜力评价指标体系的构建

1. 具体指标

清江流域水生态维度承载力潜力评价指标如表2-10所示。

表 2-10 清江流域水生态维度承载力潜力评价指标

目标层	准则层	指标层	计算方法
水生态维度承载力潜力评价	生态保护	造林面积潜力	统计数据
		生态用水率潜力	统计数据
		饮用水水源地水质达标率潜力	统计数据
		生态保护红线面积占比潜力	统计数据
		水体富营养化潜力	统计数据

(1) 造林面积潜力。

$$造林面积潜力 = 当前造林面积 - 造林面积定额目标 \qquad (2-60)$$

(2) 生态用水率潜力。

$$生态用水率潜力 = 当前生态用水率 - 生态用水率定额目标 \qquad (2-61)$$

(3)饮用水水源地水质达标率潜力。

饮用水水源地水质达标率潜力＝当前饮用水水源地水质达标率－

饮用水水源地水质达标率定额目标　　　（2－62）

(4)生态保护红线面积占比潜力。

生态保护红线面积占比潜力＝生态保护红线面积占比－

生态保护红线面积占比定额目标　　　（2－63）

(5)水体富营养化潜力。

水体富营养化潜力＝水体富营养化控制指标－当前水体富营养化指数值　　（2－64）

2. 控制指标

清江流域水生态维度承载力评价指标的定额目标及其来源如表2－11所示。

表2－11　清江流域水生态维度承载力评价指标的定额目标

目标层	指标层	计算方法	定额目标	数据来源
水生态维度承载力潜力评价	造林面积潜力	统计数据	年均每平方千米国土面积造林育林 $0.005km^2$	亚太经合组织第十五次领导人非正式会议
	生态用水率潜力	统计数据	0.6%	相关研究
	饮用水水源地水质达标率潜力	统计数据	宜昌市,95%；恩施州,100%	湖北省《关于加快实施"三线一单"生态环境分区管控的意见》
	生态保护红线面积占比潜力	统计数据	40%	《湖北省主体功能区规划》
	水体富营养化潜力	统计数据	贫营养化指数值30	《湖泊富营养化调查规范(第2版)》

第三章　清江流域水资源量维度承载力评价

第一节　清江流域水资源量维度承载力原值评价

一、水资源总体情况

水资源丰度原值

基于清江流域2013—2018年十个县市降水量、可用水资源量的统计数据，根据式(2-2)计算水资源丰度原值，结果如表3-1和图3-1所示。

表3-1　2013—2018年清江流域各县市的水资源丰度原值

县市	水资源丰度原值/亿 m³					
	2013年	2014年	2015年	2016年	2017年	2018年
恩施市	51.975 63	56.053 71	50.468 17	68.486 29	70.691 94	56.942 32
利川市	56.859 59	62.682 84	54.385 64	71.076 80	77.526 60	65.041 63
建始县	32.067 54	37.933 29	35.633 26	45.974 11	47.173 32	33.386 40
巴东县	33.413 22	41.245 05	41.280 46	45.532 76	50.409 54	36.577 50
宣恩县	41.949 4	36.779 0	37.469 5	52.443 6	45.160 7	43.031 7
咸丰县	33.765 55	29.989 01	31.265 62	42.541 96	35.618 29	36.877 14
鹤峰县	46.645 07	45.722 52	47.240 82	60.905 52	55.404 94	52.056 00
宜都市	18.931 4	18.326 9	17.795 4	22.361 9	18.934 3	18.631 6
长阳县	45.458 9	40.446 2	42.549 4	57.061 4	53.204 8	44.585 6
五峰县	34.307 7	31.749 4	33.336 9	43.576 8	40.932 9	36.266 6

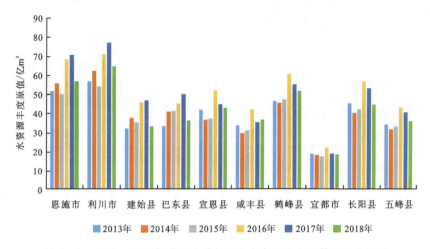

图 3-1 2013—2018 年清江流域各县市水资源丰度原值的变化趋势

从表 3-1 可以看出,在清江流域十个县市中,2013—2018 年,利川市的水资源丰度原值均是同期最高的。根据流域水资源丰度的计算方法可知,其主要原因是利川市本身具有较为丰富的水资源禀赋以及较为充沛的降水量,因此利川市在十个县市中相对具有水资源丰度优势。类似地,存在一定资源禀赋优势的县市还有恩施市以及鹤峰县。相反地,宜都市的水资源丰度原值则是清江流域内最低的,这是由于宜都市的降水量较小,进而造成了它在水资源丰度上与其他县市的差距。

从图 3-1 可以看出:2013 年到 2014 年,在清江流域的十个县市中,有四个县市的水资源丰度原值呈上升趋势;2014 年到 2015 年,除宣恩县、咸丰县、鹤峰县、长阳县、五峰县的水资源丰度原值有所上升处,其他县市的水资源丰度原值都有所下降;而在 2015—2017 年,多数县市的水资源丰度原值都呈现出大幅上升趋势,到 2018 年,除咸丰县之外,各县市的水资源丰度原值又有所下降。

二、农业生产

1. 农业灌溉可用水量原值

根据式(2-3)计算清江流域各县市 2013—2018 年期间的农业灌溉可用水量原值,结果如表 3-2 和图 3-2 所示。

从表 3-2 可以看出,在清江流域的十个县市中,2013—2018 年,利川市的农业灌溉可用水量原值都是最高的。利川市本身较为丰富的水资源禀赋优势给予了利川市较为丰富的农业灌溉可用水量优势。建始县、宣恩县、咸丰县的农业灌溉可用水量原值也相对较高,鹤峰县的农业灌溉可用水量原值则是清江流域内最低的。

从图 3-2 可以看出,各县市的农业灌溉可用水量原值随水资源丰度的时空变化而改变。

2. 可承载灌溉规模原值

根据式(2-4)计算清江流域各县市 2013—2018 年期间的可承载灌溉规模原值,结果如表 3-3 和图 3-3 所示。

表 3-2　2013—2018 年清江流域各县市的农业灌溉可用水量原值

县市	农业灌溉可用水量原值/亿 m³					
	2013 年	2014 年	2015 年	2016 年	2017 年	2018 年
恩施市	0.099 5	0.069 4	0.084 2	0.065 5	0.075 8	0.175 4
利川市	0.754 9	0.689 2	0.659 3	0.550 5	0.535 5	0.281 0
建始县	0.223 7	0.097 1	0.099 6	0.077 6	0.161 6	0.069 2
巴东县	0.042 9	0.069 9	0.084 7	0.096 6	0.044 3	0.099 6
宜恩县	0.317 7	0.264 4	0.296 5	0.009 9	0.106 0	0.199 8
咸丰县	0.254 7	0.265 5	0.214 0	0.130 7	0.181 9	0.217 1
鹤峰县	0.064 2	0.067 6	0.038 3	0.021 0	0.037 3	0.059 2
宜都市	0.087 8	0.079 3	0.075 6	0.053 9	0.085 3	0.060 8
长阳县	0.108 4	0.196 4	0.150 3	0.174 3	0.174 5	0.109 7
五峰县	0.062 2	0.091 7	0.092 7	0.098 2	0.285 4	0.177 1

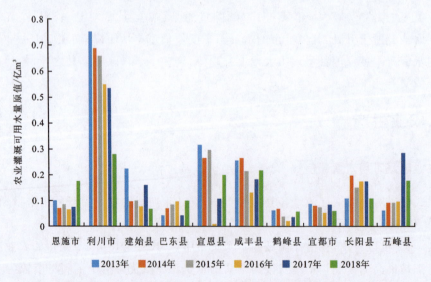

图 3-2　2013—2018 年清江流域各县市农业灌溉可用水量原值的变化趋势

从表 3-3 可以看出,在清江流域的十个县市中,2013—2018 年,利川市的可承载灌溉规模原值都是最高的。利川市本身的水资源禀赋最高,灌溉可用水量最高,且历年的农田综合灌溉定额也是最高的,这也就促使利川市在清江流域的十个县市中具有最高的可承载灌溉规模原值。从表 3-3 还可以看出,宜都市、长阳县、五峰县的可承载灌溉规模原值低于清江流域内其他县市的。

表 3-3 2013—2018 年清江流域各县市的可承载灌溉规模原值

县市	可承载灌溉规模原值/万亩					
	2013 年	2014 年	2015 年	2016 年	2017 年	2018 年
恩施市	20.022 1	16.781 5	18.532 8	16.402 0	17.641 8	27.008 4
利川市	58.253 9	55.622 8	54.431 5	49.665 6	49.118 8	35.523 3
建始县	23.853 1	15.720 3	15.912 5	14.048 8	20.199 5	13.183 6
巴东县	10.608 9	13.526 0	14.904 0	15.908 9	10.758 0	16.108 4
宣恩县	23.789 6	21.795 0	23.107 9	4.222 6	13.787 1	18.903 8
咸丰县	22.433 9	22.723 2	20.206 4	15.764 5	18.585 1	20.286 4
鹤峰县	8.407 9	8.620 1	6.500 8	4.830 8	6.435 9	8.094 5
宜都市	1.209 7	1.149 2	1.105 9	0.932 4	1.169 6	0.984 0
长阳县	1.353 0	1.821 0	1.572 4	1.686 1	1.678 1	1.322 0
五峰县	0.732 6	0.887 1	0.875 5	0.898 3	1.525 7	1.196 6

注:1 亩=666.7m²。

从图 3-3 可以看出:从 2013 年到 2014 年,在清江流域的十个县市中,巴东县的可承载灌溉规模原值有较为明显的增长,恩施市、利川市、建始县、宣恩县、宜都市的可承载灌溉规模原值有所下降,其他县市都处于较为平稳的小幅增长状态;从 2014 年到 2015 年,除了恩施市、建始县、巴东县、宣恩县外,其他县市的可承载灌溉规模原值有小幅下降;2016—2018 年,只有恩施市、宣恩县、咸丰县、鹤峰县的可承载灌溉规模原值保持稳定的增长趋势。

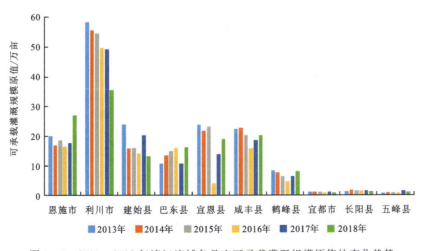

图 3-3 2013—2018 年清江流域各县市可承载灌溉规模原值的变化趋势

3. 可承载耕地规模原值

根据式(2-5)计算清江流域各县市 2013—2018 年期间的可承载耕地规模原值,结果如表 3-4 和图 3-4 所示。

表 3-4 2013—2018 年清江流域各县市的可承载耕地规模原值

县市	可承载耕地规模原值/万亩					
	2013 年	2014 年	2015 年	2016 年	2017 年	2018 年
恩施市	23.915 3	19.667 5	22.200 0	19.065 0	20.460 0	32.120 2
利川市	69.397 9	65.191 5	65.435 7	57.440 7	56.780 0	41.502 5
建始县	28.779 7	18.534 2	19.050 5	16.272 3	23.421 1	16.171 2
巴东县	12.662 9	15.957 2	17.585 7	18.591 1	12.587 7	19.834 0
宣恩县	27.990 9	25.358 0	26.954 0	4.837 7	15.978 4	22.096 7
咸丰县	26.536 0	27.307 1	24.399 2	18.199 3	21.740 2	23.720 8
鹤峰县	9.908 6	10.136 7	7.663 6	5.527 6	7.428 5	9.506 9
宜都市	1.485 0	1.405 0	1.381 9	1.103 5	1.372 1	1.195 7
长阳县	1.649 4	2.220 8	1.914 6	1.961 6	1.939 6	1.577 9
五峰县	0.890 2	1.072 8	1.055 7	1.039 5	1.779 3	1.418 8

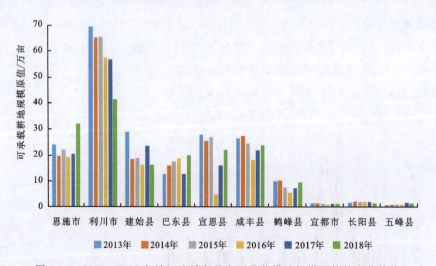

图 3-4 2013—2018 年清江流域各县市可承载耕地规模原值的变化趋势

从表 3-4 可以看出,2013—2018 年,在清江流域十个县市中,利川市的可承载耕地规模原值都是最高的,鹤峰县、宜都市、长阳县、五峰县的可承载耕地规模原值则远低于清江流域内其他县市的。

从图 3-4 可以看出:从整体上来看,2013—2018 年,利川市的可承载耕地规模原值存在明显的下降趋势,这种趋势与水资源丰度、灌溉效率有较大的关联;五峰县、长阳县、宜都市的可承载耕地规模原值的变化趋势较为平缓;恩施市、宣恩县、鹤峰县则整体呈现出先下降后上升的波动趋势。

三、城镇建设

1. 城镇可用水量原值

根据式(2-6)计算清江流域各县市 2013—2018 年期间城镇可用水量原值,结果如表 3-5 和图 3-5 所示。

从表 3-5 可以看出,2013—2018 年,在清江流域的十个县市中,恩施市城镇可用水量原值都是最高的,其次是利川市。由于恩施市、利川市的自身资源禀赋和降水量在清江流域的十个县市内最高,以及供水便利性也相对较高,因此其城镇可用水量原值在十个县市内处于较高水平。鹤峰县、五峰县的城镇可用水量原值则远低于清江流域内其他县市。

表 3-5 2013—2018 年清江流域各县市的城镇可用水量原值

县市	城镇可用水量原值/亿 m³					
	2013 年	2014 年	2015 年	2016 年	2017 年	2018 年
恩施市	0.503 0	0.516 5	0.527 2	0.530 7	0.539 6	0.517 4
利川市	0.354 3	0.371 9	0.383 4	0.440 7	0.457 5	0.528 2
建始县	0.157 4	0.242 8	0.251 7	0.261 0	0.232 9	0.282 2
巴东县	0.265 5	0.241 2	0.225 7	0.223 9	0.253 0	0.262 6
宣恩县	0.109 7	0.117 5	0.122 6	0.208 0	0.165 0	0.154 0
咸丰县	0.145 1	0.137 0	0.136 9	0.157 0	0.151 4	0.158 0
鹤峰县	0.073 2	0.061 6	0.074 4	0.082 0	0.081 0	0.075 3
宜都市	0.065 0	0.122 7	0.114 0	0.326 0	0.296 6	0.302 7
长阳县	0.170 1	0.320 5	0.293 7	0.792 4	0.767 0	0.850 6
五峰县	0.058 3	0.146 2	0.116 3	0.296 1	0.228 3	0.285 3

从图 3-5 可以看出,长阳县 2016—2018 年的城镇可用水量较 2013—2015 年有大幅提升。长阳县社会经济发展在清江流域十个县市中名列前茅,城镇居民生活用水占总用水量比率从 2016 年开始呈现大幅提升,同时其水资源丰度也在 2016 年有较大提升,这带来了城镇可用水量原值的大幅提升。

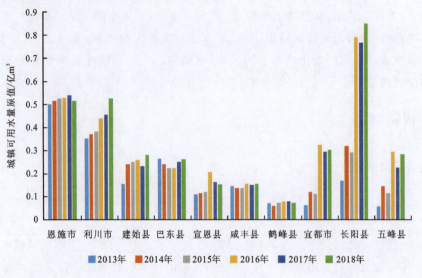

图 3-5　2013—2018 年清江流域各县市城镇可用水量原值的变化趋势

2. 可承载建设用地最大规模原值

依据式(2-7)和《城市居民生活用水量标准》(GB/T 50331—2002),此处,湖北人均生活用水取 150L/(人·d),人均工业用水取 545m³/(人·a),人均建设用地定额取 80m²,清江流域各县市 2013—2018 年可承载建设用地最大规模原值计算结果如表 3-6 和图 3-6 所示。

表 3-6　2013—2018 年清江流域城镇各县市的可承载建设用地最大规模原值

县市	可承载建设用地最大规模原值/km²					
	2013 年	2014 年	2015 年	2016 年	2017 年	2018 年
恩施市	152.630 2	155.242 5	153.893 6	150.170 9	148.228 9	140.542 9
利川市	188.688 4	191.183 4	188.560 9	203.277 4	203.519 2	228.178 7
建始县	119.447 6	123.539 0	121.722 7	117.745 7	99.453 0	115.045 6
巴东县	143.399 9	127.200 4	113.372 5	107.858 0	116.859 7	115.759 1
宣恩县	61.720 8	62.627 0	61.905 6	99.224 6	75.391 6	67.681 3
咸丰县	74.901 6	67.317 2	63.042 9	69.482 0	64.338 3	64.821 8
鹤峰县	37.200 8	30.269 3	34.833 1	36.807 2	34.549 8	30.532 6
宜都市	28.827 5	27.353 8	25.003 6	24.183 7	22.030 8	21.868 6
长阳县	107.531 2	85.789 3	76.641 9	78.981 8	77.236 7	77.313 8
五峰县	46.500 3	40.976 3	31.610 7	31.416 5	24.629 9	29.760 3

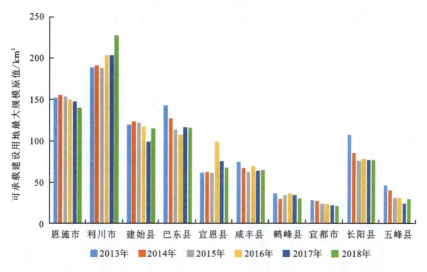

图 3-6 2013—2018 年清江流域各县市城镇可承载建设用地最大规模原值的变化趋势

从图 3-6 可以看出,清江流域各县市 2013—2018 年的可承载建设用地最大规模原值大部分都处于下降趋势,其中恩施市、巴东县、宜都市、五峰县的下降趋势较为明显,利川市 2016—2018 年相比 2013—2015 年有一定的提升。

四、工业发展

工业用水量原值

此处通过总结宜昌市、恩施州 2013—2018 年的水资源公报,并依据式(2-8)计算清江流域各县市 2013—2018 年的工业用水量原值,结果如表 3-7 和图 3-7 所示。

表 3-7 2013—2018 年清江流域各县市的工业用水量原值

县市	工业用水量原值/亿 m³					
	2013 年	2014 年	2015 年	2016 年	2017 年	2018 年
恩施市	0.699 5	0.736 1	0.759 6	0.744 9	0.740 6	0.641 8
利川市	0.290 3	0.309 4	0.320 8	0.354 0	0.377 8	0.400 9
建始县	0.323 3	0.350 0	0.364 5	0.357 8	0.323 6	0.334 2
巴东县	0.421 4	0.393 1	0.368 5	0.358 9	0.419 9	0.361 1
宣恩县	0.127 4	0.133 1	0.138 4	0.227 3	0.192 3	0.145 2
咸丰县	0.199 5	0.194 0	0.198 9	0.473 8	0.222 7	0.178 9
鹤峰县	0.241 6	0.206 6	0.248 8	0.264 4	0.261 4	0.205 7
宜都市	0.890 3	0.907 4	0.905 2	0.957 9	0.910 2	0.958 5
长阳县	0.156 0	0.245 5	0.227 0	0.251 2	0.266 0	0.276 5
五峰县	0.217 7	0.196 5	0.202 3	0.218 3	0.082 4	0.123 0

从图 3-7 可以看出,在清江流域的十个县市中,宜都市的工业用水量原值最高,宜恩县排名最后,并且除了咸丰县在 2016 年出现骤增外,其余县市 2013—2018 年工业用水原值的变化较小。

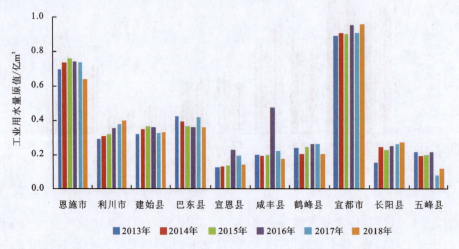

图 3-7　2013—2018 年清江流域各县市工业用水量原值的变化趋势

五、生态保护

1. 生态可用水量原值

依据式(2-9),清江流域各县市 2013—2018 年的生态可用水量原值计算结果如表 3-8 和图 3-8 所示。

表 3-8　2013—2018 年清江流域各县市的生态可用水量原值

县市	生态可用水量原值/亿 m³					
	2013 年	2014 年	2015 年	2016 年	2017 年	2018 年
恩施市	0.007 0	0.016 5	0.020 3	0.053 9	0.050 3	0.037 0
利川市	0.005 2	0.010 8	0.013 5	0.015 7	0.023 4	0.029 0
建始县	0.002 3	0.006 9	0.008 9	0.013 7	0.012 6	0.013 2
巴东县	0.003 7	0.006 9	0.008 0	0.008 4	0.012 7	0.011 5
宣恩县	0.001 5	0.003 4	0.004 0	0.015 3	0.014 2	0.007 4
咸丰县	0.002 1	0.004 1	0.004 9	0.010 8	0.012 1	0.008 6
鹤峰县	0.001 0	0.001 7	0.002 5	0.005 7	0.005 6	0.005 1

续表 3-8

县市	生态可用水量原值/亿 m³					
	2013 年	2014 年	2015 年	2016 年	2017 年	2018 年
宜都市	0.001 6	0.003 2	0.003 4	0.002 6	0.001 3	0.002 4
长阳县	0.003 7	0.005 9	0.005 8	0.011 5	0.004 7	0.011 7
五峰县	0.001 4	0.003 0	0.002 8	0.004 5	0.002 0	0.004 5

从图 3-8 可以看出，2013—2018 年，除宜都市和五峰县之外，其他县市的生态可用水量原值在整体上均呈现稳步提升趋势，其中恩施市的提升速度最快，其次是利川市，不仅是因为两市的水资源禀赋较高，而且其生态用水比例也高于其他县市。

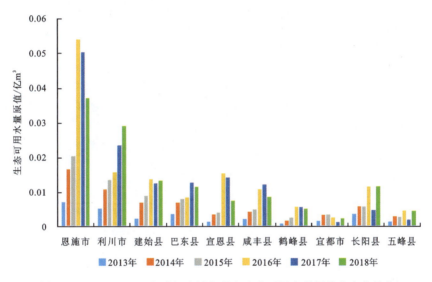

图 3-8　2013—2018 年清江流域各县市生态可用水量原值的变化趋势

2. 基本生态环境需水量原值

为便于对各地区的用水情况进行监督和检验，本研究选择利川、恩施、长阳三个断面作为清江水量分配控制断面。根据《河湖生态环境需水计算规范》（SL/Z 712—2014），河流控制断面基本生态环境需水量的计算采用 Q_P 法、Tennant 法。比较分析以上两种方法的计算结果，合理确定河道年内不同月份的基本生态环境需水量（表 3-9 和图 3-9）。

（1）Q_P 法。又称不同频率最枯月平均值法，以节点长系列（$n \geq 30$ 年）天然月平均流量为基础，用每年的最枯月平均流量排频分析，选择一定频率下的最枯月平均流量作为节点基本生态环境需水量的最小值。频率 P 根据河湖水资源开发利用程度、规模、来水情况等实际情况确定，本研究中的 P 取 90%。

（2）Tennant 法。又称为蒙大拿法，是 Tennant 等人在 1976 年提出的一种非现场测定类型的标准设定法。该方法依据观测资料建立的流量和河流生态环境状况之间的经验关系，用历史流量资料确定年内不同月份的基本生态环境需水量原值。

表 3-9　利川、恩施、长阳三个控制断面的基本生态环境需水量原值

月份	基本生态环境需水量原值/(m³·s⁻¹)		
	利川	恩施	长阳
1	1.5	9.9	40.1
2	1.5	9.9	40.1
3	1.5	9.9	40.1
4	3.9	25.5	126
5	6.6	39.7	199
6	7.5	44	225
7	7.5	51.8	283
8	4.2	29.9	163
9	4.8	29.9	149
10	1.5	9.9	40.1
11	1.5	9.9	40.1
12	1.5	9.9	40.1

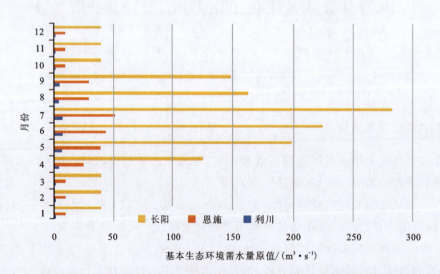

图 3-9　利川、恩施、长阳三个控制断面基本生态环境需水量原值的变化趋势

第二节 清江流域水资源量维度承载力余量评价

一、水资源总体情况

水资源可开发利用余量

基于清江流域各县市2013—2018年降水量、地表水资源、地下水资源的统计数据,根据式(2-8)计算清江流域各县市2013—2018年的水资源可开发利用余量,结果如表3-10和图3-10所示。

从表3-10可以看出,在清江流域的十个县市中,2013—2018年利川市水资源可开发利用余量均是最高的。其主要原因是利川市本身具有较为丰富的水资源禀赋以及较为充沛的降水量,因此利川市在十个县市中相对具有资源禀赋的优势。宜都市则是清江流域内水资源余量最低的,这是由于宜都市的降水量、地表水、地下水资源在十个县市中都是最低的,且用水量较高,进而造成了其资源禀赋与其他县市的差距。

表3-10 2013—2018年清江流域各县市的水资源可开发利用余量

县市	水资源可开发利用余量/亿 m³					
	2013年	2014年	2015年	2016年	2017年	2018年
恩施市	50.862 73	54.943 31	49.335 57	67.307 29	69.497 64	55.646 82
利川市	55.738 79	61.578 24	53.264 44	70.039 8	76.479 3	64.110 43
建始县	31.500 94	37.383 89	35.077 86	45.396 71	46.500 62	32.808 5
巴东县	32.911 42	40.680 15	40.645 96	44.867 76	49.795 84	35.959 9
宣恩县	41.411 5	36.238 72	36.922 3	52.103 2	44.712 48	42.534
咸丰县	33.220 25	29.400 31	30.661 32	41.995 26	35.029 79	36.293 34
鹤峰县	46.304 47	45.304 52	46.875 22	60.554 32	55.030 84	51.634
宜都市	17.179 6	16.482 2	15.858 52	20.367 2	16.763 9	16.472 85
长阳县	44.976 4	39.841	41.895 4	56.435 9	52.578 4	43.973 82
五峰县	34.016 7	31.422	32.936 67	43.177 3	40.431	35.857 05

从图3-10可以看出:随着降水量以及水资源量的不断变化,2013—2017年,在清江流域的十个县市中,除了咸丰县和宜都市的水资源可开发利用余量变化不大之外,其余县市均

有一定幅度的提高;2017—2018年,除了咸丰县之外,其他县市水资源可开发利用余量均有相当幅度的下降。

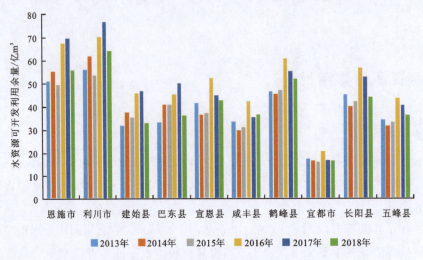

图3-10 2013—2018年清江流域各县市水资源可开发利用余量的变化趋势

二、农业生产

1. 农业灌溉可用水量余量

根据式(2-9)计算清江流域各县市2013—2018年的农业灌溉可用水量余量,结果如表3-11和图3-11所示。

从表3-11可以看出,清江流域十个县市整体上的水资源余量呈现出下降的趋势,并在大多数年份均为负数,利川市2013—2018年灌溉可用水量余量都是最高的,但是2018年降为负数。利川市本身较为丰富的水资源禀赋优势给予了利川市较为丰富的灌溉可用水量余量优势,但是随着用水量的增加,这个优势已经在慢慢减弱。建始县、宣恩县、咸丰县的农业灌溉可用水量余量也相对较高,宜都市的农业灌溉可用水量余量则是清江流域内最低的。

从图3-11可以看出清江流域各县市2013—2018年农业灌溉可用水量余量的变化趋势。大部分县市的农业灌溉可用水余量都呈现出下降的趋势,其中宜都市的农业灌溉可用水余量远低于其他县市的,说明农业灌溉已用水量较高,余量过少,但是在2017年之后有所提高,而利川市的农业灌溉可用水余量在2017年之后则有较大幅度的下降。清江流域的整体农业灌溉可用水量余量处于较为缺乏的状态,说明清江流域各县市的农业灌溉用水占比均较高。

2. 可承载灌溉规模余量

根据式(2-20)计算清江流域各县市2013—2018年的可承载灌溉规模余量,结果如表3-12和图3-12所示。

表 3-11 2013—2018 年清江流域各县市的农业灌溉可用水量余量

县市	农业灌溉可用水量余量/亿 m³					
	2013 年	2014 年	2015 年	2016 年	2017 年	2018 年
恩施市	-0.117 9	-0.111 2	-0.118 0	-0.119 6	-0.125 9	-0.155 4
利川市	0.184 0	0.151 2	0.125 5	0.098 7	0.086 7	-0.008 5
建始县	0.014 8	-0.036 3	-0.037 1	-0.047 7	-0.050 0	-0.050 0
巴东县	-0.036 9	-0.044 8	-0.057 1	-0.062 3	-0.055 0	-0.050 5
宣恩县	0.035 3	0.006 8	0.020 5	-0.021 6	-0.029 4	-0.007 0
咸丰县	0.011 3	-0.004 9	-0.037 6	-0.047 4	-0.044 5	-0.028 5
鹤峰县	-0.038 1	-0.061 3	-0.046 4	-0.039 1	-0.048 0	-0.062 2
宜都市	-0.323 8	-0.332 8	-0.353 1	-0.319 6	-0.426 8	-0.371 1
长阳县	-0.016 7	-0.014 8	-0.052 0	-0.035 0	-0.036 3	-0.054 6
五峰县	-0.017 8	-0.017 8	-0.044 5	-0.043 1	-0.018 4	-0.019 0

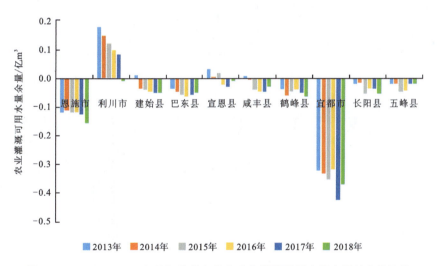

图 3-11 2013—2018 年清江流域各县市农业灌溉可用水量余量的变化趋势

从表 3-12 可以看出,清江流域十个县市整体的可承载灌溉规模余量均呈现下降的趋势。其中,2013—2018 年,利川市的可承载灌溉规模余量都是最高的。由于利川市本身的农业灌溉可用水量余量在清江流域十个县市中是最高的,而利川市每年的农田综合灌溉定额也是十个县市中最高的,这也就促使利川市在清江流域内十个县市中具有最高的可承载灌溉规模余量。恩施市的可承载灌溉规模余量则远低于清江流域内其他县市的。

从图 3-12 可以看出清江流域各县市 2013—2018 年清江流域各县市可承载灌溉规模余量的变化趋势。2013—2015 年期间,在清江流域十个县市中,只有宣恩县的可承载灌溉规模余量有一些增长,除了恩施市有较为明显的下降以外,其他县市都处于较为平稳的小幅下降状态;2015—2016 年,宣恩县和恩施市的可承载灌溉规模余量有较为明显的下降;2016—2018 年,只有巴东县、宣恩县、咸丰县的可承载灌溉规模余量保持稳定增长趋势。

表 3-12　2013—2018 年清江流域各县市的可承载灌溉规模余量

县市	可承载灌溉规模余量/万亩					
	2013 年	2014 年	2015 年	2016 年	2017 年	2018 年
恩施市	-0.231 5	-0.260 4	-0.250 3	-0.286 6	-0.280 5	-0.226 1
利川市	0.124 1	0.106 9	0.090 6	0.078 1	0.069 4	-0.009 5
建始县	0.024 4	-0.090 8	-0.091 6	-0.133 6	-0.097 2	-0.149 1
巴东县	-0.136 6	-0.130 3	-0.150 5	-0.153 9	-0.201 0	-0.123 2
宣恩县	0.058 4	0.012 2	0.034 9	-0.200 7	-0.083 9	-0.014 5
咸丰县	0.019 9	-0.008 4	-0.073 1	-0.118 3	-0.094 1	-0.055 2
鹤峰县	-0.177 9	-0.279 4	-0.280 5	-0.317 5	-0.293 0	-0.301 9
宜都市	-0.866 2	-0.937 1	-1.033 2	-1.109 2	-1.181 0	-1.220 4
长阳县	-0.040 0	-0.026 4	-0.107 1	-0.067 1	-0.070 0	-0.133 7
五峰县	-0.078 5	-0.065 0	-0.164 3	-0.155 3	-0.039 1	-0.051 5

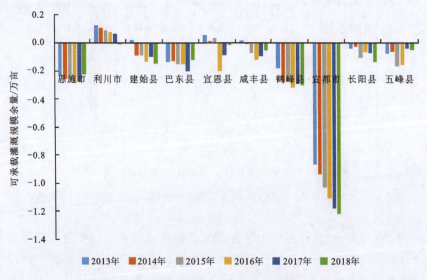

图 3-12　2013—2018 年清江流域各县市可承载灌溉规模余量的变化趋势

3. 可承载耕地规模余量

根据式(2-21)计算清江流域各县市 2013—2018 年期间的可承载耕地规模余量,结果如表 3-13 和图 3-13 所示。

表 3-13 2013—2018 年清江流域各县市的可承载耕地规模余量

县市	可承载耕地规模余量/万亩					
	2013 年	2014 年	2015 年	2016 年	2017 年	2018 年
恩施市	0.623 060	0.449 506	0.544 511	0.440 994	0.512 346	1.074 200
利川市	2.368 204	2.221 680	2.188 870	1.854 043	1.833 551	1.128 400
建始县	0.845 548	0.433 571	0.445 743	0.358 931	0.734 561	0.319 400
巴东县	0.177 079	0.320 565	0.406 890	0.471 493	0.189 330	0.466 800
宣恩县	1.168 463	1.024 779	1.120 985	−0.076 880	0.448 333	0.798 400
咸丰县	0.976 661	1.054 493	0.915 894	0.581 779	0.795 837	0.910 200
鹤峰县	0.224 223	0.227 282	0.052 440	−0.081 660	0.042 299	0.175 300
宜都市	0.465 839	0.396 557	0.354 179	0.099 538	0.476 282	0.177 300
长阳县	0.364 854	0.657 095	0.547 593	0.610 246	0.612 201	0.398 000
五峰县	0.180 400	0.289 369	0.279 713	0.301 982	0.944 072	0.583 100

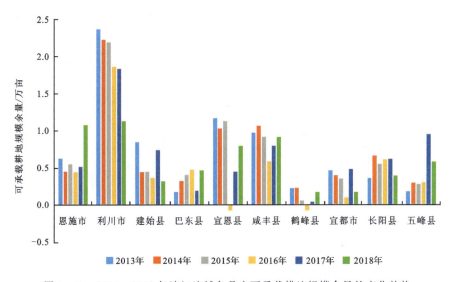

图 3-13 2013—2018 年清江流域各县市可承载耕地规模余量的变化趋势

从表 3-13 可以看出,2013—2018 年,在清江流域的十个县市中,利川市的可承载耕地规模余量都是最高的。这是由于利川市本身灌溉可用水余量在清江流域十个县市中就是最高的,且利川市每年的以天然降水为水源的农业面积余量也是十个县市中最高的。巴东县和鹤峰县的可承载耕地规模余量则远低于清江流域内其他县市的可承载耕地规模余量水平。

从图 3-13 可以看出,从整体上来看,2013—2018 年,利川市、建始县、宜都市的可承载耕地规模余量均处于下降的趋势,恩施市可承载耕地规模余量处于较为平缓的变化趋势,各县市的可承载耕地规模余量水平受降水量影响较大。

三、城镇建设

1. 城镇可用水量余量

根据式(2-22)计算清江流域各县市 2013—2018 年期间的城镇可用水量余量,结果如表 3-14 和图 3-14 所示。

表 3-14 2013—2018 年清江流域各县市的城镇可用水量余量

县市	城镇可用水量余量/亿 m³					
	2013 年	2014 年	2015 年	2016 年	2017 年	2018 年
恩施市	0.288 3	0.298 0	0.301 1	0.295 3	0.297 1	0.268 3
利川市	0.217 8	0.230 5	0.235 6	0.283 1	0.293 2	0.359 0
建始县	0.103 2	0.161 8	0.166 7	0.169 5	0.137 0	0.181 9
巴东县	0.187 0	0.160 8	0.141 3	0.135 9	0.161 2	0.166 4
宣恩县	0.058 5	0.062 9	0.065 0	0.147 0	0.101 6	0.088 1
咸丰县	0.083 2	0.072 9	0.069 9	0.087 3	0.078 9	0.083 0
鹤峰县	0.038 2	0.025 4	0.036 3	0.041 9	0.038 8	0.030 9
宜都市	−0.006 6	−0.019 7	−0.029 1	−0.096 9	−0.123 6	−0.127 3
长阳县	0.119 2	0.200 2	0.171 4	0.474 1	0.455 2	0.508 5
五峰县	0.037 7	0.087 8	0.057 3	0.145 4	0.081 2	0.134 0

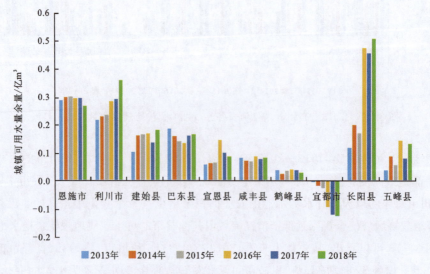

图 3-14 2013—2018 年清江流域各县市城镇可用水余量的变化趋势

从表 3-14 可以看出,2013—2018 年,在清江流域的十个县市中,宜都市的城镇可用水量余量都是最低的,并且还呈现出下降的趋势。由于宜都市自身资源禀赋和降水量在清江流域十个县市中是比较低的,再加上城市建设用水量相对较高,因此其城镇可用水量余量在十个县市中处于较低的水平。五峰县的城镇可用水量余量在 2015—2016 年期间有较大幅度的提升,其后表现为先下降后回升。

从图 3-14 可以看出,从整体上来看,2013—2018 年,只有利川市、建始县和长阳县的城镇可用水量余量有上升的趋势,其中长阳县的城镇可用水量余量提升得最为明显,而宜都市的城镇可用水量余量有明显的下降趋势。

2. 可承载建设用地最大规模余量

根据式(2-23)计算清江流域各县市 2013—2018 年的可承载建设用地最大规模余量,结果如表 3-15 和图 3-15 所示。

表 3-15 2013—2018 年清江流域各县市的可承载建设用地最大规模余量

县市	可承载建设用地最大规模/万亩					
	2013 年	2014 年	2015 年	2016 年	2017 年	2018 年
恩施市	2.111 121	2.182 151	2.204 851	2.162 38	2.175 561	1.964 668
利川市	1.594 874	1.687 872	1.725 217	2.073 043	2.147 002	2.628 833
建始县	0.755 698	1.184 805	1.220 686	1.241 19	1.003 204	1.331 991
巴东县	1.369 336	1.177 483	1.034 691	0.995 149	1.180 412	1.218 49
宣恩县	0.428 375	0.460 595	0.475 973	1.076 43	0.743 982	0.645 126
咸丰县	0.609 245	0.533 822	0.511 854	0.639 268	0.577 757	0.607 78
鹤峰县	0.279 725	0.185 995	0.265 812	0.306 819	0.284 119	0.226 27
宜都市	−0.048 33	−0.144 26	−0.213 09	−0.709 57	−0.905 08	−0.932 17
长阳县	0.872 86	1.465 995	1.255 103	3.471 67	3.333 272	3.723 57
五峰县	0.276 064	0.642 929	0.419 588	1.064 714	0.594 6	0.981 236

从表 3-15 可以看出,2013—2018 年,在清江流域十个县市中,恩施市和利川市的可承载建设用地最大规模余量一直居于前列,其次是建始县、巴东县和长阳县。宜都市的可承载建设用地最大规模余量一直处于最低的水平,与其他县市存在较大的差距。

从图 3-15 可以看出,从整体上来看,2013—2018 年期间,长阳县和利川市的可承载建设用地最大规模余量处于上升趋势,恩施市、建始县、巴东县、咸丰县和鹤峰县的可承载建设用地最大规模余量一直处于较为稳定的水平,宣恩县和五峰县呈现出先上升后下降的波动趋势,而宜都市的可承载建设用地最大规模余量一直处于较低的水平,并且仍在逐年加速下降。

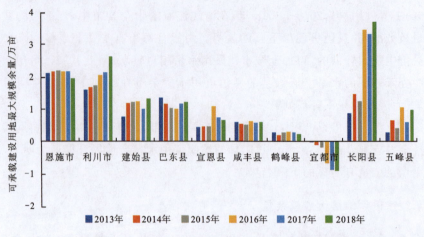

图 3-15 2013—2018 年清江流域各县市的可承载建设用地最大规模余量

四、工业生产

工业用水量余量

根据式(2-24)计算清江流域各县市 2013—2018 年工业用水量余量,结果如表 3-16 和图 3-16 所示。

表 3-16 2013—2018 年清江流域各县市的工业用水量余量

县市	工业用水量余量/亿 m^3					
	2013 年	2014 年	2015 年	2016 年	2017 年	2018 年
恩施市	0.402 9	0.424 7	0.431 8	0.410 3	0.403 6	0.325 0
利川市	0.180 9	0.194 5	0.199 9	0.230 6	0.244 8	0.275 4
建始县	0.212 8	0.234 0	0.242 4	0.233 2	0.192 3	0.217 7
巴东县	0.287 8	0.252 8	0.220 5	0.208 1	0.257 1	0.220 2
宣恩县	0.068 4	0.071 2	0.073 2	0.160 7	0.118 1	0.083 0
咸丰县	0.112 5	0.102 7	0.102 8	0.266 7	0.117 9	0.095 4
鹤峰县	0.124 8	0.084 0	0.119 7	0.132 6	0.122 6	0.082 5
宜都市	-0.087 2	-0.139 1	-0.193 6	-0.239 6	-0.327 9	-0.338 1
长阳县	0.109 1	0.152 5	0.134 5	0.153 3	0.162 2	0.171 1
五峰县	0.139 6	0.117 0	0.102 5	0.110 8	0.031 4	0.060 9

从图 3-16 可以看出,恩施市、利川市、建始县、巴东县、宣恩县、咸丰县、鹤峰县、长阳县、五峰县工业用水量余量都是正数,说明这九个地区的水资源量是可以满足其工业发展

的,宜都市的工业用水量余量为负数,说明该地区工业用水的压力较大,需要及时作好相关准备,积极推动工业的顺利发展。

图 3-16　2013—2018 年清江流域各县市的工业用水量余量

五、生态保护

1. 生态可用水量余量

根据式(2-25)计算清江流域各县市 2013—2018 年的生态可用水量余量,结果如表 3-17 和图 3-17 所示。

表 3-17　2013—2018 年清江流域各县市的生态可用水量余量

县市	生态可用水量余量/亿 m³					
	2013 年	2014 年	2015 年	2016 年	2017 年	2018 年
恩施市	0.004 0	0.009 5	−0.205 8	0.030 0	0.027 7	0.019 2
利川市	0.003 2	0.006 7	−0.134 3	0.010 1	0.015 0	0.019 7
建始县	0.001 5	0.004 6	−0.076 1	0.008 9	0.007 4	0.008 5
巴东县	0.002 6	0.004 6	−0.076 4	0.005 1	0.008 1	0.007 3
宣恩县	0.000 8	0.001 8	−0.053 6	0.010 8	0.008 7	0.004 2
咸丰县	0.001 2	0.002 2	−0.062 1	0.006 0	0.006 3	0.004 5
鹤峰县	0.000 5	0.000 7	−0.035 6	0.002 9	0.002 7	0.002 1
宜都市	−0.000 2	−0.000 5	−0.140 1	−0.000 8	−0.000 6	−0.001 0
长阳县	0.002 6	0.003 7	−0.116 5	0.006 9	0.002 8	0.007 0
五峰县	0.000 9	0.001 8	−0.056 2	0.002 2	0.000 7	0.002 1

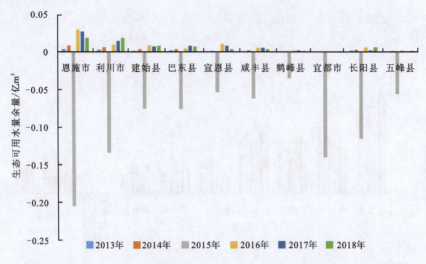

图 3-17 2013—2018 年清江流域各县市生态可用水量余量的变化趋势

从表 3-17 可以看出,在清江流域十个县市中,每年的生态可用水量余量相差不大,均处于较低的水平,其中,恩施市在 2015 年的生态可用水量余量最低,但是在 2016 年之后,在生态可用水量余量的方面相对于其他县市有了较大的提高。

从图 3-17 可以看出,清江流域各县市 2013—2018 年的生态可用水量余量的变化趋势基本类似。2013—2014 年,清江流域十个县市的生态可用水量余量的变化都比较平稳;2014—2015 年,所有县市的生态可用水量余量均有所下降,说明 2015 年所有县市的生态用水量有较大幅度的增加,其中恩施市的下降程度最为明显;2015—2016 年,清江流域十个县市的生态可用水量余量都上升了,恢复到 2015 年之前的还高;2016—2018 年,所有县市的生态可用水量余量的波动都很小,保持稳定的水准。

2. 基本生态环境需水量余量

根据式(2-25)计算利川、恩施、长阳三个控制断面的基本生态环境需水量余量,结果如表 3-18 和图 3-18 所示。

表 3-18 利川、恩施、长阳三个控制断面的基本生态环境需水量余量

月份	基本生态环境需水量/$(m^3 \cdot s^{-1})$								
	利川			恩施			长阳		
	多年月平均流量	原值	余量	多年月平均流量	原值	余量	多年月平均流量	原值	余量
1	2.8	1.5	1.3	19.4	9.9	9.5	85.6	40.1	45.5
2	3.6	1.5	2.1	28.4	9.9	18.5	132	40.1	91.9
3	6.3	1.5	4.8	47.8	9.9	37.9	245	40.1	204.9
4	13.2	3.9	9.3	84.9	25.5	59.4	419	126	293

续表 3-18

月份	基本生态环境需水量/(m³·s⁻¹)								
	利川			恩施			长阳		
	多年月平均流量	原值	余量	多年月平均流量	原值	余量	多年月平均流量	原值	余量
5	22.1	6.6	15.5	132	39.7	92.3	663	199	464
6	25.1	7.5	17.6	147	44	103	751	225	526
7	25	7.5	17.5	173	51.8	121.2	942	283	659
8	13.9	4.2	9.7	100	29.9	70.1	542	163	379
9	15.9	4.8	11.1	100	29.9	70.1	498	149	349
10	13.2	1.5	11.7	79	9.9	69.1	373	40.1	332.9
11	8.4	1.5	6.9	52.7	9.9	42.8	261	40.1	220.9
12	4.3	1.5	2.8	25.9	9.9	16	127	40.1	86.9

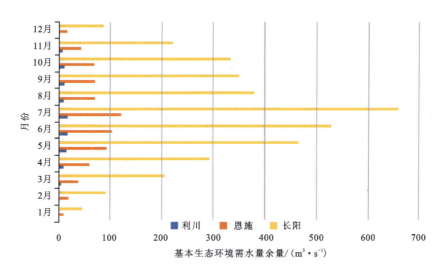

图 3-18 利川、恩施、长阳三个控制断面基本生态环境需水量余量的变化趋势

从图 3-18 可以看出，清江流域三个控制断面的月平均流量均可以满足河道内生态需水量的要求，长阳县的基本生态环境需水量余量最高，利川市的最低。

第三节 清江流域水资源量维度承载力潜力评价

本节分别从水资源可开发利用潜力、农业灌溉可用水量潜力、可承载灌溉规模潜力、可承载耕地规模潜力、城镇可用水量潜力、可承载建设用地最大规模潜力、工业用水量潜力、生态可用水量潜力、基本生态环境需水量潜力九个方面对清江流域十个县市进行具体的评价分析。

一、水资源总体情况

水资源可开发利用潜力

依据式(2-43)计算 2013—2018 年清江流域十个县市的水资源可开发利用潜力,具体结果如表 3-19 和图 3-19～图 3-22 所示。

表 3-19　2013—2018 年清江流域各县市的水资源可开发利用潜力

县市	水资源可开发利用潜力/亿 m^3					
	2013 年	2014 年	2015 年	2016 年	2017 年	2018 年
恩施市	1.494 6	1.514 5	1.508 3	1.478 8	1.463 2	1.395 3
利川市	1.788 6	1.800 7	1.787 3	1.863 0	1.868 7	1.975 7
建始县	1.079 3	1.097 7	1.089 3	1.069 6	0.961 0	1.048 1
巴东县	1.195 3	1.129 8	1.062 1	1.026 6	1.077 7	1.068 6
宣恩县	0.614 9	0.622 7	0.617 0	0.820 4	0.712 8	0.659 7
咸丰县	0.733 3	0.669 9	0.630 4	0.684 4	0.640 5	0.643 0
鹤峰县	0.371 6	0.293 1	0.348 2	0.366 5	0.344 0	0.293 8
宜都市	−0.161 0	−0.255 1	−0.393 0	−0.456 1	−0.638 6	−0.638 9
长阳县	1.130 0	1.007 2	0.916 7	0.931 6	0.914 4	0.909 3
五峰县	0.532 5	0.492 2	0.388 9	0.385 3	0.276 9	0.362 6

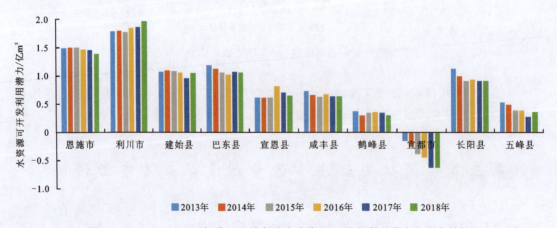

图 3-19　2013—2018 年清江流域各县市水资源可开发利用潜力的变化趋势

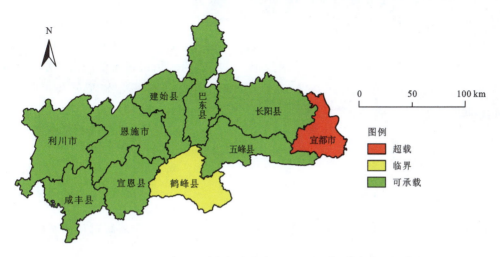

图 3-20 2016 年清江流域各县市水资源可开发利用潜力的空间分布

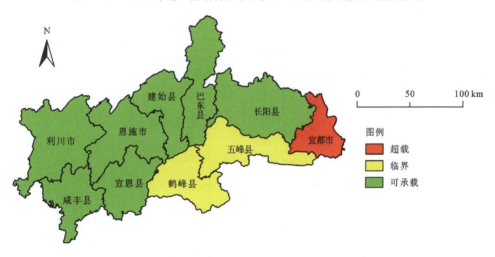

图 3-21 2017 年清江流域各县市水资源可开发利用潜力的空间分布

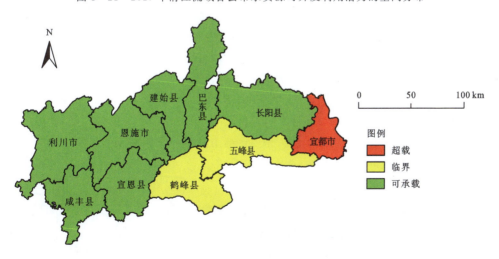

图 3-22 2018 年清江流域各县市水资源可开发利用潜力的空间分布

从表 3-19 和图 3-19 可以看出：从 2013 到 2018 年，在清江流域的十个县市中，利川市的水资源可开发利用潜力都是最高的（分别为 1.788 6 亿 m^3、1.800 7 亿 m^3、1.787 3 亿 m^3、1.863 0 亿 m^3、1.868 7 亿 m^3、1.975 7 亿 m^3），这是因为利川市每年的用水量定额都是十个县市中最高的（均为 1.9 亿 m^3 左右）；其次为恩施市；宜都市的水资源可开发利用潜力都是最低的。

二、农业生产

1. 农业灌溉可用水量潜力

依据式(2-44)计算 2013—2018 年清江流域十个县市的农业灌溉可用水量潜力，结果如表 3-20 和图 3-23 所示。

表 3-20　2013—2018 年清江流域各县市的农业灌溉可用水量潜力

县市	农业灌溉可用水量潜力/亿 m^3					
	2013 年	2014 年	2015 年	2016 年	2017 年	2018 年
恩施市	0.292 0	0.246 3	0.269 3	0.232 2	0.247 1	0.356 3
利川市	0.911 1	0.877 0	0.850 9	0.811 7	0.800 8	0.614 2
建始县	0.397 9	0.266 5	0.268 1	0.232 1	0.302 3	0.216 2
巴东县	0.190 1	0.229 4	0.237 4	0.245 6	0.174 4	0.259 7
宣恩县	0.322 8	0.296 9	0.311 6	0.075 9	0.215 3	0.274 1
咸丰县	0.327 3	0.307 7	0.262 5	0.222 9	0.246 4	0.270 5
鹤峰县	0.111 6	0.090 4	0.080 7	0.062 8	0.078 4	0.084 5
宜都市	−0.037 8	−0.057 0	−0.087 0	−0.085 4	−0.150 7	−0.127 8
长阳县	0.293 0	0.351 5	0.283 6	0.311 7	0.307 7	0.244 2
五峰县	0.146 4	0.164 6	0.133 3	0.136 3	0.167 6	0.173 6

从表 3-20 可以看出：2013—2018 年期间，在清江流域的十个县市中，利川市的农业灌溉可用水量潜力都是最高的，分别为 0.911 1 亿 m^3、0.877 0 亿 m^3、0.850 9 亿 m^3、0.811 7 亿 m^3、0.800 8 亿 m^3、0.614 2 亿 m^3；宜都市的农业灌溉可用水量潜力则是最低的，分别为−0.037 8 亿 m^3、−0.057 0 亿 m^3、−0.087 0 亿 m^3、−0.085 4 亿 m^3、−0.150 7 亿 m^3、−0.127 8 亿 m^3。

从图 3-23 可以看出，2013—2018 年期间，除了宜都市，清江流域其他县市的农业灌溉可用水量潜力均未出现超载问题，变化趋势较为平缓。

图 3-23 2013—2018 年清江流域各县市农业灌溉可用水量潜力的变化趋势

2. 可承载灌溉规模潜力

根据式(2-45)计算清江流域各县市 2013—2018 年的可承载灌溉规模潜力,结果如表 3-21 和图 3-24 所示。

表 3-21 2013—2018 年清江流域各县市的可承载灌溉规模潜力

县市	可承载灌溉规模潜力/万亩					
	2013 年	2014 年	2015 年	2016 年	2017 年	2018 年
恩施市	11.476 5	10.397 7	10.719 5	10.336 9	12.777 0	15.629 7
利川市	35.812 9	37.021 7	33.874 9	36.139 5	41.405 5	26.943 9
建始县	15.641 7	11.250 5	10.673 3	10.334 0	15.629 6	9.483 7
巴东县	7.472 1	9.683 5	9.448 9	10.936 0	9.016 7	11.392 3
宣恩县	12.688 9	12.531 2	12.403 0	3.380 4	11.134 6	12.024 6
咸丰县	12.866 3	12.987 7	10.447 9	9.926 5	12.740 7	11.865 5
鹤峰县	4.386 7	3.815 8	3.211 8	2.795 9	4.055 2	3.707 9
宜都市	-0.122 4	-0.156 1	-0.241 6	-0.310 5	-0.546 0	-0.381 6
长阳县	0.948 2	0.963 0	0.787 7	1.133 5	1.114 9	0.729 0
五峰县	0.473 8	0.451 0	0.370 3	0.495 6	0.607 4	0.518 3

从图 3-24 可以看出,2013—2018 年,在清江流域的十个县市中,利川市的可承载灌溉规模潜力最大,均是流域最高的,且明显高于其他县市,而宜昌市三个县市的可承载灌溉规模潜力相对恩施州其他县市的明显偏小,宜都市因主要用水量集中于工业,农业规模较小,农业用水定额分配较小,出现小幅超载。

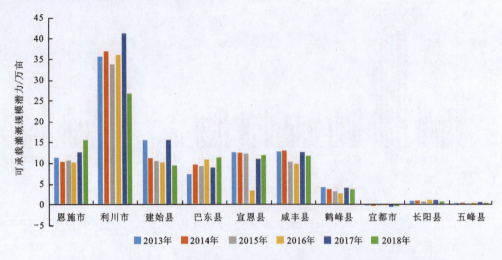

图 3-24　2013—2018 年清江流域各县市可承载的灌溉规模潜力的变化趋势

3. 可承载耕地规模潜力

可承载耕地规模潜力的计算考查了降水对耕地规模的影响,结果如表 3-22 和图 3-25 所示。

表 3-22　2013—2018 年清江流域各县市的可承载耕地规模潜力

县市	可承载耕地规模潜力/万亩					
	2013 年	2014 年	2015 年	2016 年	2017 年	2018 年
恩施市	13.708 0	12.185 8	12.840 6	12.015 2	14.818 1	18.587 9
利川市	42.663 9	43.390 5	40.723 2	41.797 1	47.863 6	31.479 0
建始县	18.872 2	13.264 3	12.778 2	11.969 8	18.122 3	11.632 8
巴东县	8.918 7	11.424 0	11.149 1	12.779 8	10.550 3	14.027 1
宣恩县	14.929 8	14.579 8	14.467 5	3.872 8	12.904 3	14.055 6
咸丰县	15.218 9	15.607 7	12.615 8	11.459 4	14.903 6	13.874 3
鹤峰县	5.169 6	4.487 1	3.786 3	3.199 2	4.680 7	4.354 9
宜都市	−0.150 2	−0.190 9	−0.301 9	−0.367 5	−0.640 5	−0.463 7
长阳县	1.155 9	1.174 4	0.959 1	1.318 4	1.288 7	0.870 1
五峰县	0.575 6	0.545 4	0.446 6	0.573 5	0.708 3	0.614 6

从表 3-22 和图 3-25 可以看出,利川市作为水资源禀赋最高且用水偏重于农业的县市,其可承载耕地规模潜力明显高于清江流域的其他县市,降水量和农业灌溉用水定额比例是影响可承载耕地规模潜力的主要因素。

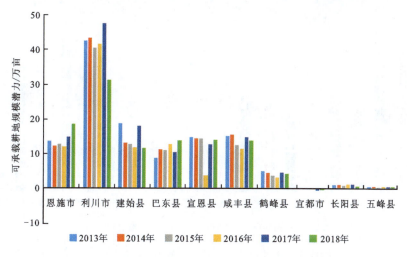

图 3-25 2013—2018 年清江流域各县市的可承载耕地规模潜力的变化趋势

三、城镇建设

1. 城镇可用水量潜力

根据式(2-47)计算 2013—2018 年清江流域十个县市的城镇可用水量潜力,具体结果如表 3-23 和图 3-26 所示。

表 3-23 2013—2018 年清江流域各县市的城镇可用水量潜力

县市	城镇可用水量潜力/亿 m³					
	2013 年	2014 年	2015 年	2016 年	2017 年	2018 年
恩施市	1.198 0	1.252 6	1.291 5	1.284 9	1.289 5	1.175 4
利川市	0.638 3	0.674 1	0.697 0	0.785 8	0.827 8	0.919 9
建始县	0.478 4	0.590 6	0.613 3	0.616 4	0.551 8	0.610 0
巴东县	0.717 3	0.662 1	0.620 6	0.607 5	0.701 7	0.647 3
宣恩县	0.236 2	0.250 8	0.261 3	0.435 1	0.357 7	0.299 3
咸丰县	0.349 1	0.332 2	0.333 2	0.377 9	0.370 3	0.333 9
鹤峰县	0.317 4	0.270 2	0.326 5	0.351 5	0.347 4	0.284 3
宜都市	0.952 9	1.024 5	0.990 2	1.250 5	1.170 4	1.215 5
长阳县	0.326 8	0.568 3	0.515 9	1.036 1	1.022 3	1.112 6
五峰县	0.279 3	0.345 2	0.313 1	0.507 2	0.307 4	0.402 4

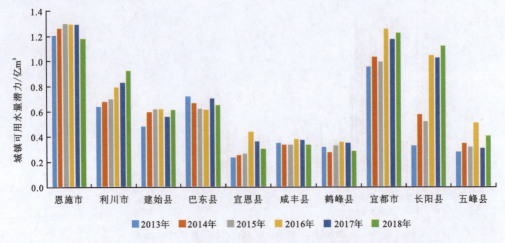

图 3-26　2013—2018 年清江流域各县市城镇可用水量潜力的变化趋势

从表 3-23 可以看出,2013—2018 年,在清江流域十个县市中,恩施市的城镇可用水量潜力是最高的,其次是宜都市,而五峰县、宣恩县的城镇可用水量潜力则较低。

从图 3-26 可以看出,2013—2018 年,清江流域十个县市的城镇可用水量潜力并未出现任何超载问题,宜都市、长阳县整体呈现上升趋势,其城镇用水比例较高。

2. 可承载建设用地最大规模潜力

根据式(2-48)计算清江流域各县市 2013—2018 年可承载建设用地最大规模潜力,其中湖北人均生活用水标准取 150L/(人·d),人均工业用水标准取 545m³/(人·a),人均建设用地定额取 80m²,结果如表 3-24 和图 3-27 所示。

表 3-24　2013—2018 年清江流域各县市的可承载建设用地最大规模潜力

县市	2013 年	2014 年	2015 年	2016 年	2017 年	2018 年
恩施市	22.894 5	23.286 4	23.084 0	22.525 6	22.234 3	21.081 4
利川市	28.303 3	28.677 5	28.284 1	30.491 6	30.527 9	34.226 8
建始县	17.917 1	18.530 9	18.258 4	17.661 9	14.918 0	17.256 8
巴东县	21.510 0	19.080 1	17.005 9	16.178 7	17.529 0	17.363 9
宣恩县	9.258 1	9.394 0	9.285 8	14.883 7	11.308 7	10.152 2
咸丰县	11.235 2	10.097 6	9.456 4	10.422 3	9.650 7	9.723 3
鹤峰县	5.580 1	4.540 4	5.225 0	5.521 1	5.182 5	4.579 9
宜都市	4.324 1	4.103 1	3.750 5	3.627 5	3.304 6	3.280 3
长阳县	16.129 7	12.868 4	11.496 3	11.847 3	11.585 5	11.597 1
五峰县	6.975 0	6.146 4	4.741 6	4.712 5	3.694 5	4.464 1

第三章 清江流域水资源量维度承载力评价

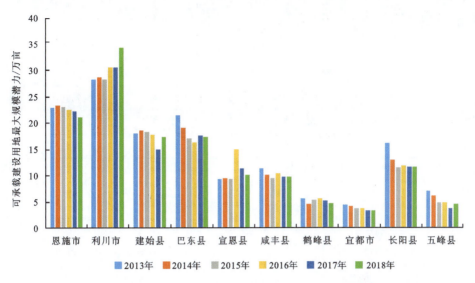

图3-27 2013—2018年清江流域各县市可承载建设用地最大规模潜力的变化趋势

由表3-24和图3-27可知,利川市的计算结果仍然高于其他县市,但各县市的差距小于其他指标的。其原因主要是利川市的城镇用水量占比较其他县市的小,而其资源禀赋较高,其他县市因此缩小了该指标与利川市的差距。各县市均在可承载范围内,未出现超载现象,其中宜都市、恩施市、长阳县和五峰县的可承载建设用地最大规模潜力均呈现明显下降的趋势。

四、工业发展

工业用水量潜力

根据式(2-49)计算2013—2018年清江流域十个县市的工业用水量潜力,结果如表3-25和图3-28所示。

从表3-25和图3-28可以看出,2013—2018年利川市的工业用水量潜力最大,清江流域各县市工业用水量潜力的变化趋势较为平稳。

表3-25 2013—2018年清江流域各县市的工业用水量潜力

县市	工业用水量潜力/亿 m³					
	2013年	2014年	2015年	2016年	2017年	2018年
恩施市	2.328 1	2.313 3	2.296 9	2.290 1	2.287 7	2.307 9
利川市	2.865 2	2.859 7	2.853 7	2.851 2	2.841 6	2.849 1
建始县	1.547 4	1.541 9	1.535 8	1.533 3	1.526 6	1.541 4
巴东县	1.449 2	1.442 5	1.435 1	1.432 0	1.420 0	1.441 9

续表 3-25

县市	工业用水量潜力/亿 m³					
	2013年	2014年	2015年	2016年	2017年	2018年
宣恩县	1.102 5	1.099 6	1.096 3	1.094 9	1.087 3	1.099 3
咸丰县	1.163 7	1.159 4	1.154 6	1.043 6	1.145 9	1.167 2
鹤峰县	0.587 6	0.581 8	0.575 3	0.572 6	0.565 6	0.581 2
宜都市	0.618 1	0.549 1	0.496 8	0.398 1	0.357 5	0.299 0
长阳县	1.558 1	1.512 0	1.512 5	1.507 1	1.501 2	1.499 6
五峰县	0.733 2	0.731 8	0.711 5	0.703 8	0.760 3	0.749 2

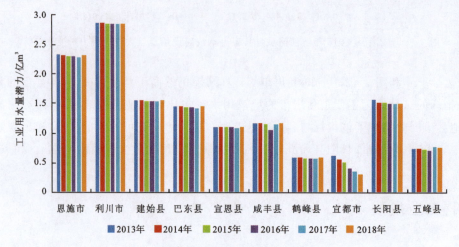

图 3-28　2013—2018 年清江流域各县市工业用水量潜力的变化趋势

五、生态保护

1. 生态可用水量潜力

根据式(2-50)计算 2013—2018 年清江流域十个县市的生态可用水量潜力,具体结果如表 3-26 和图 3-29 所示。

从表 3-26 可以看出,2013—2018 年,在清江流域十个县市中,恩施市的生态可用水量潜力都是最高的,其次是利川市。

从图 3-29 可以看出,2013—2018 年,清江流域十个县市的生态可用水量潜力并未出现任何超载问题。

从图 3-29 还可以看出,整体来看,在清江流域的十个县市中,恩施市的生态可用水量潜力呈现出较为明显的波动趋势,尤其是 2015—2016 年出现了一个较大的涨幅。

表 3-26 2013—2018 年清江流域各县市的生态可用水量潜力

县市	生态可用水量潜力/亿 m³					
	2013 年	2014 年	2015 年	2016 年	2017 年	2018 年
恩施市	0.007 0	0.016 5	0.020 3	0.053 9	0.050 3	0.037 0
利川市	0.005 2	0.010 8	0.013 5	0.015 7	0.023 4	0.029 0
建始县	0.002 3	0.006 9	0.008 9	0.013 7	0.012 6	0.013 2
巴东县	0.003 7	0.006 9	0.008 0	0.008 4	0.012 7	0.011 5
宣恩县	0.001 5	0.003 4	0.004 0	0.015 5	0.014 2	0.007 4
咸丰县	0.002 1	0.004 1	0.004 9	0.010 8	0.012 1	0.008 6
鹤峰县	0.001 0	0.001 7	0.002 5	0.005 7	0.005 6	0.005 1
宜都市	0.001 6	0.003 2	0.003 4	0.002 6	0.001 3	0.002 4
长阳县	0.003 7	0.005 9	0.005 8	0.011 5	0.004 7	0.011 7
五峰县	0.001 4	0.003 0	0.002 8	0.004 5	0.002 0	0.004 5

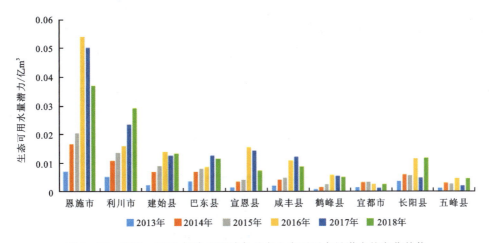

图 3-29 2013—2018 年清江流域各县市生态可用水量潜力的变化趋势

2. 基本生态环境需水量潜力

清江属于开发利用程度较高的南方较大型河流。其基本生态环境需水量潜力对应的流量百分比在枯水期确定为 10%,在丰水期确定为 30%,从而使清江流域的基本生态环境状况维持在中等水平(表 3-27、表 3-28,图 3-30)以上。

从表 3-28 和图 3-30 可以看出:清江流域在 4—9 月份、12 月份、1 月份、2 月份属于丰水期,基本生态环境需水量潜力占月平均流量的 30%,这属于中等水平;在枯水期(比如 10 月份)的时候,基本生态环境需水量占月平均流量的 11%,这属于中等水平。因此,总体来说,清江流域河道的基本生态环境需水量潜力为中等水平。

表 3-27 清江流域基本生态环境需水量潜力对应的流量百分比

不同流量百分比对应清江流域的基本生态环境需水量潜力状况	占同时段多年年均天然流量百分比/%	
	枯水期	丰水期
最大	200	200
最佳	60～100	60～100
极好	40	60
非常好	30	50
好	20	40
中	10	30
差	10	10
极差	0～10	0～10

表 3-28 利川、恩施、长阳三个控制断面基本生态环境需水量潜力占月平均流量的百分比

月份	基本生态环境需水量潜力占月平均流量的百分比/%		
	利川	恩施	长阳
1	52	51	47
2	41	35	30
3	23	21	16
4	30	30	30
5	30	30	30
6	30	30	30
7	30	30	30
8	30	30	30
9	30	30	30
10	11	12	11
11	17	19	15
12	34	38	32

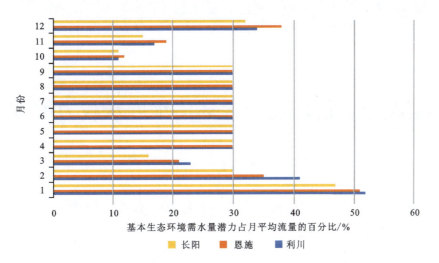

图 3-30 利川、恩施、长阳三个控制断面基本生态环境需水量潜力占月平均流量的百分比

第四章　清江流域水环境维度承载力评价

第一节　清江流域水环境维度承载力原值评价

一、工业发展

1. COD 排放总量原值

2013—2018 年清江流域各县市的 COD 排放总量原值如表 4-1 和图 4-1 所示。

表 4-1　2013—2018 年清江流域各县市的 COD 排放总量原值

县市	COD 排放总量原值/t					
	2013 年	2014 年	2015 年	2016 年	2017 年	2018 年
恩施市	23.80	29.02	22.71	37.56	39.40	26.79
利川市	26.12	32.02	23.64	39.90	43.68	33.96
建始县	10.05	13.72	11.70	18.81	19.15	9.54
巴东县	12.57	16.72	16.71	19.68	21.59	11.52
宣恩县	7.42	7.02	7.03	11.24	8.87	7.95
咸丰县	9.18	7.38	7.49	13.70	10.43	10.83
鹤峰县	6.65	6.61	6.72	10.74	9.14	7.59
宜都市	1.67	1.66	1.43	2.45	2.20	1.74
长阳县	4.05	3.60	3.82	6.83	6.66	4.50
五峰县	0.84	0.80	0.85	1.46	1.29	1.02

从表 4-1 和图 4-1 可以看出,2017 年的整体 COD 排放总量原值最高。从 2017 年的数据来看,清江流域在宜昌段的 COD 排放总量原值远高于在恩施段的 COD 排放总量原值,其排名从高到低依次为利川市、恩施市、巴东县、建始县、咸丰县、鹤峰县、宣恩县、长阳县、宜都市、五峰县。清江流域各县市的水环境 COD 排放总量原值在 2017 年达到了峰值,之后下降。

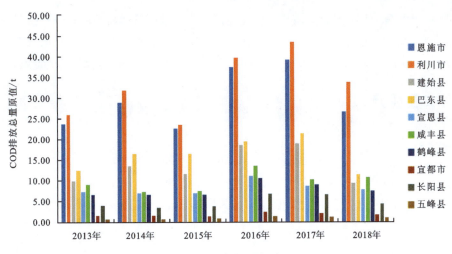

图 4-1　2013—2018 年清江流域各县市 COD 排放总量原值的变化趋势

2. 工业废水排放总量原值

2013—2018 年清江流域各县市的工业废水排放总量原值如表 4-2 和图 4-2 所示。

表 4-2　2013—2018 年清江流域各县市的工业废水排放总量原值

县市	工业废水排放总量原值/万 t	县市	工业废水排放总量原值/万 t
恩施市	400.40	咸丰县	325.43
利川市	814.12	鹤峰县	135.42
建始县	99.79	宜都市	2 519.7
巴东县	155.11	长阳县	2 019.4
宣恩县	29.27	五峰县	399.55

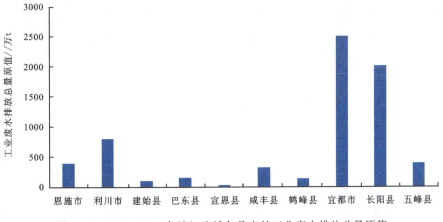

图 4-2　2013—2018 年清江流域各县市的工业废水排放总量原值

由图4-2可知,清江流域宜昌市段的工业废水排放量原值远高于恩施州段的工业废水排放量原值,其中宜都市的工业废水排放量原值最高,其余县市的工业废水排放总量原值排名从高到低依次为长阳县、利川市、恩施市、五峰县、咸丰县、巴东县、鹤峰县、建始县、宣恩县。

二、农业生产

1. 氮肥排放量原值

2013—2018年清江流域各县市的氮肥排放量原值如表4-3和图4-3所示。

从表4-3和图4-4可以看出,利川市的氮肥排放量原值最高,宜都市的氮肥排放量原值最低。

表4-3 2013—2018年清江流域各县市的氮肥排放量原值

县市	氮肥排放量原值/t	县市	氮肥排放量原值/t
宜都市	7352	建始县	22 572
长阳县	14 163	巴东县	16 981
五峰县	13 083	宣恩县	8741
恩施市	19 069	咸丰县	16 510
利川市	26 010	鹤峰县	11 614

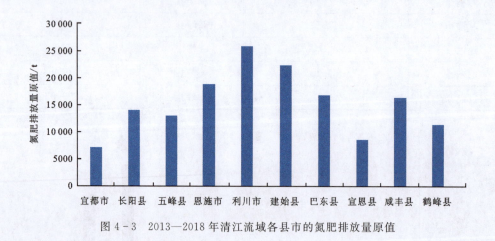

图4-3 2013—2018年清江流域各县市的氮肥排放量原值

2. 化肥排放量原值

2013—2018年清江流域各县市的化肥排放量原值如表4-4和图4-4所示。

从表4-4和图4-4可以看出,利川市的化肥排放量原值最高,宜都市的化肥排放量原值最低。

表 4-4 2013—2018 年清江流域各县市的化肥排放量原值

县市	化肥排放量原值/t	县市	化肥排放量原值/t
宜都市	19 704	建始县	46 650
长阳县	28 526	巴东县	42 854
五峰县	28 781	宣恩县	27 108
恩施市	43 025	咸丰县	37 208
利川市	54 071	鹤峰县	32 155

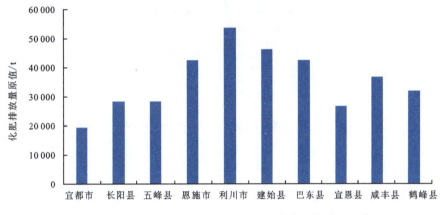

图 4-4 2013—2018 年清江流域各县市的化肥排放量原值

三、居民生活

2013—2018 年清江流域各县市的生活污水排放量原值如表 4-5 和图 4-5 所示。

表 4-5 2013—2018 年清江流域各县市的生活污水排放量原值

县市	生活污水排放量原值/亿 m^3	县市	生活污水排放量原值/亿 m^3
恩施市	1.45	咸丰县	0.59
利川市	0.53	鹤峰县	1.04
建始县	1.01	宜都市	11.06
巴东县	0.86	长阳县	8.07
宣恩县	1.07	五峰县	1.65

由表 4-5 和图 4-5 可知,宜昌市的生活污水排放量原值远高于恩施州的生活污水排放量原值,其中,宜都市的生活污水排放量原值最高,其次依次为长阳县、五峰县、恩施市、宣恩县、鹤峰县、建始县、巴东县、咸丰县、利川市。

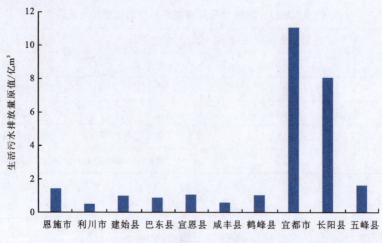

图 4-5 2013—2018 年清江流域各县市的生活污水排放量原值

第二节 清江流域水环境维度承载力余量评价

一、工业发展

1. COD 排放总量余量

2013—2018 年清江流域各县市的 COD 排放总量余量如表 4-6 和图 4-6 所示。

表 4-6 2013—2018 年清江流域各县市的 COD 排放总量余量

县市	COD 排放总量余量/t					
	2013 年	2014 年	2015 年	2016 年	2017 年	2018 年
恩施市	22.66	28.07	21.94	36.98	39.01	26.77
利川市	24.98	31.07	22.88	39.33	43.30	33.96
建始县	9.23	13.03	11.14	18.38	18.86	9.51
巴东县	11.64	15.94	16.08	19.19	21.26	11.49
宣恩县	7.01	6.69	6.76	11.04	8.74	7.95
咸丰县	8.54	6.84	7.06	13.38	10.22	10.83
鹤峰县	6.32	6.34	6.50	10.58	9.03	7.59
宜都市	1.47	1.49	1.24	2.41	2.14	1.66
长阳县	3.84	3.39	3.63	6.81	6.66	4.49
五峰县	0.80	0.76	0.80	1.45	1.29	1.02

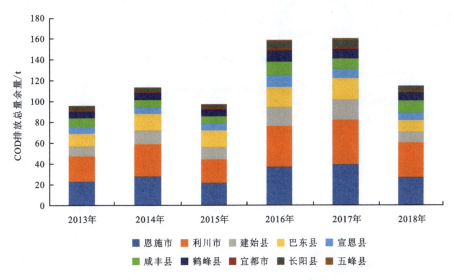

图4-6　2013—2018年清江流域各县市的COD排放总量余量

由图4-6可知,2013—2018年,清江流域各县市的COD排放总量余量于2017年达到峰值后下降,这多是由于2017年水环境COD排放原值较高,资源禀赋能力较强。其中清江流域在恩施州境内的COD排放总量余量较高,而在宜昌市境内的COD排放总量余量较低。其排名依次为利川市、恩施市、巴东县、建始县、咸丰县、宣恩县、鹤峰县、长阳县、宜都市和五峰县。

2. 工业废水排放总量余量

2013—2018年清江流域各县市的工业废水排放总量余量如表4-7和图4-7所示。

表4-7　清江流域各县市的工业废水排放总量余量

县市	工业废水排放总量余量/万t					
	2013年	2014年	2015年	2016年	2017年	2018年
恩施市	−175.82	−115.47	−24.95	35.39	95.74	216.43
利川市	−358.46	−235.33	−50.63	72.50	195.63	441.90
建始县	−44.44	−29.13	−6.15	9.17	24.49	55.12
巴东县	−66.47	−43.82	−9.85	12.80	35.45	80.75
宣恩县	−11.88	−7.90	−1.93	2.04	6.02	13.98
咸丰县	−139.36	−92.05	−20.64	26.97	74.58	169.79
鹤峰县	−57.72	−38.09	−8.63	11.00	30.64	69.91
宜都市	−398.26	−521.89	−221.99	1 124.93	1 077.99	681.46
长阳县	−418.22	−447.07	−174.71	1 481.94	1 513.01	1 505.44
五峰县	148.22	182.77	−39.96	304.61	352.16	354.55

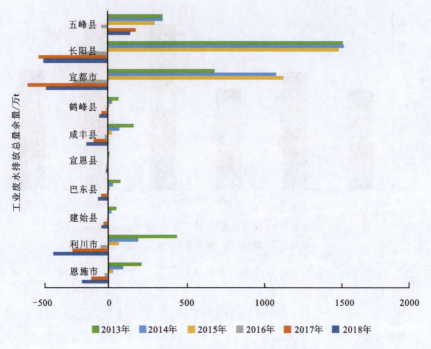

图 4-7 2013—2018 年清江流域各县市的工业废水排放总量余量

由表 4-7 和图 4-7 可知,工业废水排放总量余量从 2013 年到 2018 年逐年升高。这是由于湖北省目前仍处于工业化中期,随着经济发展,第二产业增加值占比仍未减少,其中于 2015—2016 年上升得最为迅速。清江流域在恩施州境内的工业废水排放总量余量较高,而在宜昌市境内的工业废水排放总量余量较低。2018 年工业废水排放总量余量的排名从高到低依次为长阳县、宜都市、利川市、五峰县、恩施市、咸丰县、巴东县、鹤峰县、建始县、宣恩县。

二、农业生产

1. 氮肥排放量余量

2013—2018 年清江流域各县市的氮肥排放量余量如表 4-8 和图 4-8 所示。

从表 4-8 和图 4-8 可以看出:2015—2018 年,五峰县的氮肥排放量余量处于上升趋势;2013—2017 年,宜都市的氮肥排放量余量缓慢上升,到 2018 年有所下降;咸丰县的氮肥排放量余量于 2015 年达到峰值,至 2016 年下降,此后维持稳定;鹤峰县的氮肥排放量余量在 2014—2015 年下降,此后缓慢上升;2013—2015 年,恩施市的氮肥排放量余量保持稳定,此后呈上升趋势;长阳县的氮肥排放量余量在 2014—2015 年下降得颇多,然后缓慢上升;2013—2018 年,利川市的氮肥排放量余量呈上升趋势。

表 4-8 2013—2018 年清江流域各县市的氮肥排放量余量

县市	氮肥排放量余量/t					
	2013 年	2014 年	2015 年	2016 年	2017 年	2018 年
宜都市	0	513	610	915	1023	913
长阳县	3161	3230	138	0	1254	1374
五峰县	306	0	1529	2484	3136	3213
恩施市	0	0	47	2529	2624	4335
利川市	0	3237	3705	3642	3680	3947
建始县	947	0	678	974	1112	4154
巴东县	2107	2164	2169	0	1207	613
宜恩县	0	452	674	1256	859	859
咸丰县	1808	0	3260	190	290	230
鹤峰县	0	541	460	1619	1613	2889

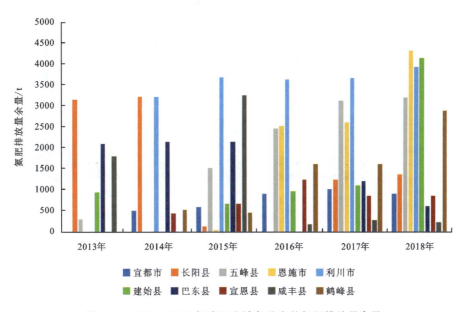

图 4-8 2013—2018 年清江流域各县市的氮肥排放量余量

2. 化肥排放量余量

2013—2018 年清江流域各县市的化肥排放量余量如表 4-9 和图 4-9 所示。

从表 4-9 和图 4-9 可以看出,恩施市的化肥排放量余量在 2013—2018 年一直都呈现上升状态,尤其在 2015—2016 年的增加速度较快,此后放缓;利川市的化肥排放量余量在 2013—2015 年上升速度较快,此后速度变缓;长阳县的化肥排放量余量在 2013—2016 年整体呈现下降趋势,其后上升。

表 4-9 2013—2018 年清江流域各县市的化肥排放量余量

县市	化肥排放量余量/t					
	2013 年	2014 年	2015 年	2016 年	2017 年	2018 年
宜都市	0	1694	1435	2784	2894	2883
长阳县	3264	3346	383	0	2077	2859
五峰县	512	0	718	2860	4414	5103
恩施市	0	596	1479	5420	5871	6549
利川市	0	5394	7069	7033	7346	7499
建始县	6345	0	1400	2013	2306	10296
巴东县	1697	1452	1511	0	1057	2198
宣恩县	0	363	504	1209	1179	1169
咸丰县	1429	0	4239	381	749	505
鹤峰县	544	1601	0	3066	3077	5944

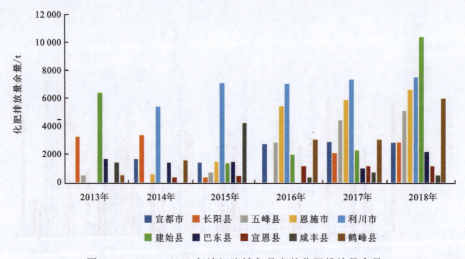

图 4-9 2013—2018 年清江流域各县市的化肥排放量余量

三、居民生活

生活污水排放量余量

2013—2018 年清江流域各县市的生活污水排放量余量如表 4-10 和图 4-10 所示。

由表 4-10 和图 4-10 可知,清江流域生活污水排放量余量从 2013 年到 2018 年升高,其中 2015 至 2016 年上升最为迅速。清江流域在宜昌市境内的生活污水排放量余量较高,而在恩施州境内的生活污水排放量余量较低。对 2018 年生活污水排放强度进行排名,其排名从高到低依次为宜都市、长阳县、建始县、宣恩县、鹤峰县、巴东县、恩施市、咸丰县、利川市、五峰县。

表4-10 2013—2018年清江流域各县市的生活污水排放量余量

县市	生活污水排放量余量/亿 t					
	2013年	2014年	2015年	2016年	2017年	2018年
恩施市	0.43	0.45	0.00	0.06	0.10	0.13
利川市	0.00	0.02	0.04	0.07	0.09	0.10
建始县	0.00	0.33	0.15	0.21	0.25	0.28
巴东县	0.17	0.00	0.04	0.07	0.11	0.14
宣恩县	0.00	0.07	0.12	0.17	0.21	0.25
咸丰县	0.00	0.02	0.04	0.07	0.09	0.11
鹤峰县	0.00	0.03	0.08	0.13	0.18	0.22
宜都市	0.00	5.16	6.05	10.55	9.66	9.52
长阳县	0.00	4.67	4.62	8.00	7.93	7.93
五峰县	0.00	1.06	1.00	1.57	1.32	1.58

图4-10 2013—2018年清江流域各县市生活污水排放量余量的变化趋势

第三节 清江流域水环境维度承载力潜力评价

一、工业发展

1. COD排放总量潜力

2013—2018年清江流域各县市的COD排放总量潜力如表4-11和图4-11、图4-12所示。

表 4-11　2013—2018 年清江流域各县市的 COD 排放总量潜力趋势

县市	COD 排放总量潜力/t					
	2013 年	2014 年	2015 年	2016 年	2017 年	2018 年
恩施市	-0.39	-0.20	-0.02	0.17	0.36	0.73
利川市	-0.39	-0.20	-0.02	0.17	0.36	0.74
建始县	-0.27	-0.14	-0.01	0.12	0.25	0.52
巴东县	-0.31	-0.16	-0.01	0.14	0.29	0.58
宣恩县	-0.14	-0.07	-0.01	0.06	0.13	0.26
咸丰县	-0.22	-0.12	-0.01	0.10	0.21	0.42
鹤峰县	-0.11	-0.06	0.00	0.05	0.10	0.21
宜都市	-0.03	0.00	-0.02	0.13	0.11	0.09
长阳县	-0.05	-0.04	-0.02	0.15	0.16	0.16
五峰县	0.01	0.01	0.00	0.04	0.04	0.04

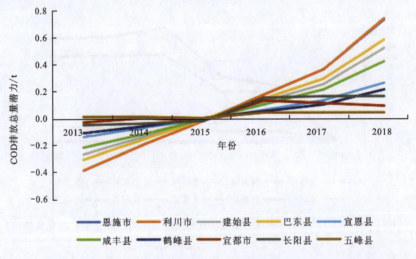

图 4-11　2013—2018 年清江流域各县市 COD 排放总量潜力的变化趋势

由表 4-11 和图 4-11、图 4-12 可以看出,从 2013 年到 2018 年,除宜都市、长阳县、五峰县外,其余各个县市的 COD 排放总量潜力逐年升高。

2016—2018 年清江流域各县市的 COD 排放总量潜力承载 GIS 图如图 4-13～图 4-15 所示。

由图 4-12 可以看出:恩施市、利川市、建始县、巴东县、宣恩县、咸丰县、鹤峰县、宜都市、长阳县在 2015 年前为不可承载,在 2015 年之后均变为可承载;2018 年承载力从强到弱的排名依次为利川市、恩施市、巴东县、建始县、咸丰县、宣恩县、鹤峰县、长阳县、宜都市和五峰县。

第四章 清江流域水环境维度承载力评价

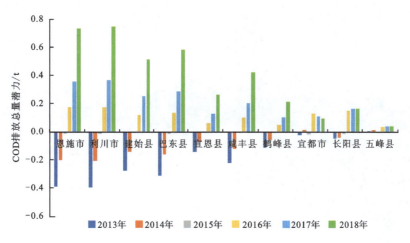

图 4-12　2013—2018 年清江流域各县市的 COD 排放总量潜力柱状图

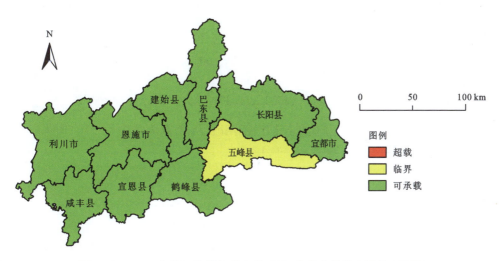

图 4-13　2016 年清江流域各县市的 COD 排放总量潜力承载 GIS 图

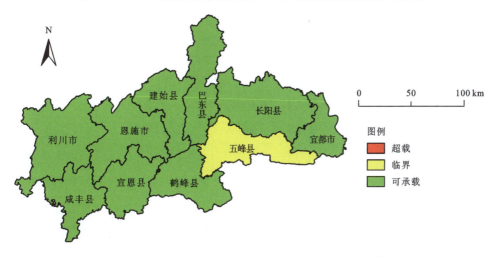

图 4-14　2017 年清江流域各县市的 COD 排放总量潜力承载 GIS 图

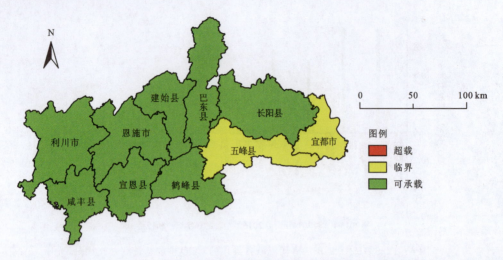

图 4-15　2018 年清江流域各县市的 COD 排放总量潜力承载 GIS 图

2. 工业废水排放总量潜力

2013—2018 年清江流域各县市的工业废水排放总量潜力如表 4-12 和图 4-16、图 4-17 所示。

表 4-12　清江流域各县市的工业废水排放总量潜力

县市	工业废水排放总量潜力/万 t					
	2013 年	2014 年	2015 年	2016 年	2017 年	2018 年
恩施市	−175.819	−115.473	−24.953	35.394	95.740	216.433
利川市	−358.458	−235.327	−50.629	72.503	195.634	441.898
建始县	−44.444	−29.126	−6.150	9.168	24.485	55.120
巴东县	−66.472	−43.823	−9.849	12.800	35.450	80.748
宣恩县	−11.876	−7.898	−1.933	2.044	6.021	13.975
咸丰县	−139.663	−92.054	−20.641	26.968	74.576	169.794
鹤峰县	−57.722	−38.087	−8.633	11.003	30.638	69.910
宜都市	−398.259	−521.889	−221.989	1 124.931	1 077.991	681.461
长阳县	−418.219	−447.069	−174.709	1 481.941	1 513.011	1 505.441
五峰县	148.215	182.765	−39.955	304.605	352.155	354.545

从表 4-12 和图 4-16 可以看出：从 2014 年到 2016 年，除五峰县外，清江流域其余县市的工业废水排放总量潜力逐年升高；2016—2018 年，宜都市的工业废水排放总量潜力逐年

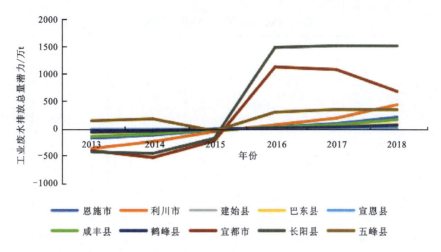

图 4-16　2013—2018 年清江流域各县市工业废水排放总量潜力的变化趋势

下降,长阳县的工业废水排放总量潜力先升后降,其余县市的工业废水排放总量潜力仍然逐年上升。

从图 4-17 可以看出,仅五峰县的工业废水排放总量潜力在 2013—2018 年为可承载,而在 2016—2018 年,十个县市的工业废水排放总量潜力均属于可承载范围。

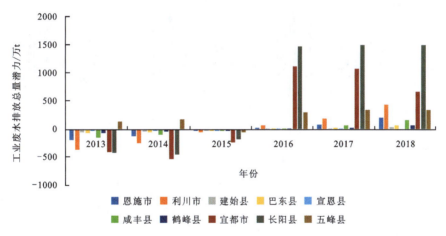

图 4-17　2013—2018 年清江流域各县市的工业废水排放总量潜力承载图
(x 轴即为承载线所在位置)

二、农业生产

1. 氮肥排放量潜力

2013—2018 年清江流域各县市的氮肥排放量潜力如表 4-13 和图 4-18~图 4-21 所示。

表 4-13　清江流域氮肥排放量潜力

县市	氮肥排放量潜力/t					
	2013 年	2014 年	2015 年	2016 年	2017 年	2018 年
宜都市	2 093.13	2 606.13	2 703.13	3 008.13	3 116.13	3 006.125
长阳县	9 922.63	9 991.63	6 899.63	6 761.63	8 015.63	8 135.625
五峰县	138.67	−167.33	1 361.68	2 316.68	2 968.68	3 045.675
恩施市	8 579.00	8 579.00	8 626.00	11 108.00	11 203.00	12 914.000
利川市	9 024.23	12 261.23	12 729.23	12 666.23	12 704.23	12 971.225
建始县	−4 992.48	−5 939.48	−5 261.48	−4 965.48	−4 827.48	−1 785.475
巴东县	6 165.98	6 222.98	6 227.98	4 058.98	5 265.98	4 671.975
咸丰县	5 117.65	5 569.65	5 791.65	6 373.65	5 976.65	5 976.650
鹤峰县	−601.47	−2 409.48	850.53	−2 219.48	−2 119.48	−2 179.475
宣恩县	−2 599.15	−2 058.15	−2 139.15	−980.15	−986.15	289.850

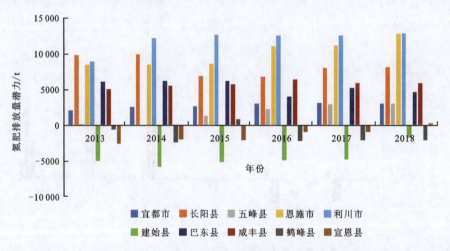

图 4-18　2013—2018 年清江流域各县市氮肥排放量潜力的变化趋势

从图 4-18 可以看出，五峰县的氮肥排放量在 2013 年处于超载边缘，在 2014 年为不可承载，建始县的氮肥排放量潜力在 2013—2018 年一直处于不可承载状态，鹤峰县的氮肥排放量潜力在 2013 年、2014 年、2016—2018 年都是不可承载状态，建始县的氮肥排放量潜力在 2013—2018 年都是不可承载状态。

2. 化肥排放量潜力

2013—2018 年清江流域各县市的化肥排放量潜力如表 4-14 和图 4-22～图 4-25 所示。

第四章 清江流域水环境维度承载力评价

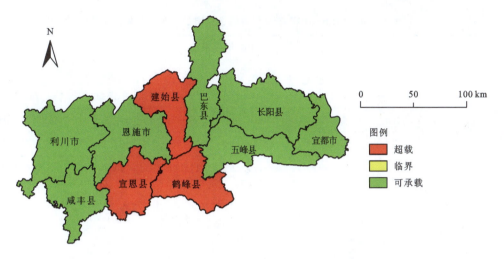

图 4-19　2016 年清江流域各县市的氮肥排放量潜力 GIS 图

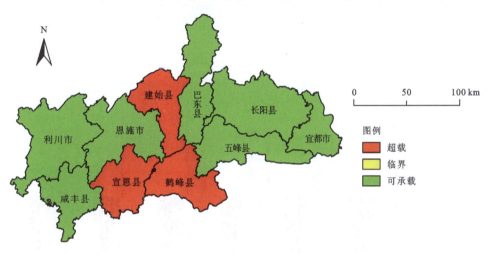

图 4-20　2017 年清江流域各县市的氮肥排放量潜力 GIS 图

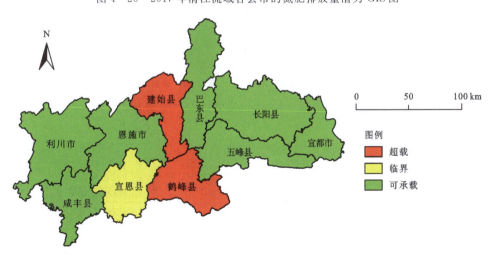

图 4-21　2018 年清江流域各县市的氮肥排放量潜力 GIS 图

79

表 4-14 2013—2018 年清江流域各县市的化肥排放量潜力

县市	化肥排放量潜力/t					
	2013 年	2014 年	2015 年	2016 年	2017 年	2018 年
宜都市	−2 811.68	−1 117.68	−1 376.68	−27.67	82.33	71.325
长阳县	13 923.93	14 005.93	11 042.93	10 659.93	12 736.93	13 518.93
五峰县	−5 002.20	−5 514.20	−4 796.20	−2 654.20	−1 100.20	−411.2
恩施市	5 691.10	6 287.10	7 170.10	11 111.10	11 562.10	12 240.1
利川市	7 222.68	12 616.68	14 291.68	14 255.68	14 568.68	14 721.68
建始县	−11 457.68	−17 802.68	−16 402.68	−15 789.68	−15 496.68	−7 506.68
巴东县	−4 397.47	−4 642.47	−4 583.47	−6 094.47	−5 037.47	−3 896.47
宣恩县	−11 405.10	−11 042.10	−10 901.10	−10 196.10	−10 226.10	−1 768.15
咸丰县	−11 608.15	−13 037.15	−8 798.15	−12 656.15	−12 288.15	−12 336.9
鹤峰县	−7 244.93	−6 187.93	−7 788.93	−4 722.93	−4 711.93	−10 508.1

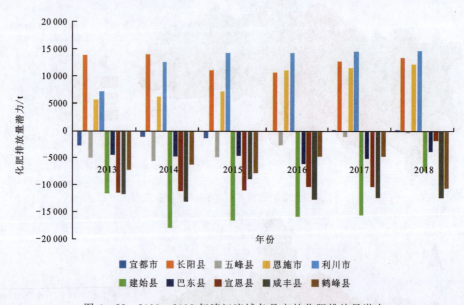

图 4-22 2013—2018 年清江流域各县市的化肥排放量潜力

如图 4-22 所示,宜都市的化肥排放量潜力在 2013—2016 年都处于不可承载状态,2017 年处于可承载状态,五峰县、建始县、巴东县、咸丰县、宣恩县以及鹤峰县的化肥排放量潜力在 2013—2018 年都处于不可承载的状态,其他县市 2013—2018 年的化肥排放量潜力都处于可承载状态。

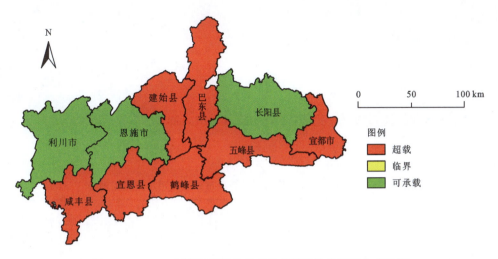

图 4-23　2016 年清江流域各县市的化肥排放总量潜力 GIS 图

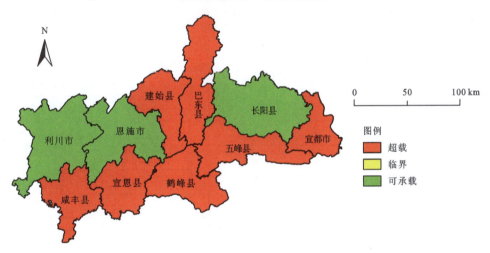

图 4-24　2017 年清江流域各县市的化肥排放总量潜力 GIS 图

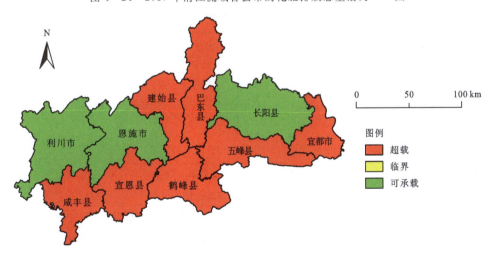

图 4-25　2018 年清江流域各县市的化肥排放总量潜力 GIS 图

三、居民生活

生活污水排放量潜力

2013—2018年清江流域各县市的生活污水排放量潜力如表4-15和图4-26～图4-29所示。

表4-15 2013—2018年清江流域各县市的生活污水排放量潜力

县市	生活污水排放量潜力/亿 t					
	2013年	2014年	2015年	2016年	2017年	2018年
恩施市	0.17	0.15	0.60	0.55	0.50	0.47
利川市	−0.32	−0.33	−0.36	−0.39	−0.41	−0.42
建始县	0.16	−0.17	0.01	−0.05	−0.09	−0.12
巴东县	−0.15	0.01	−0.03	−0.06	−0.09	−0.13
宣恩县	0.22	0.15	0.10	0.05	0.01	−0.03
咸丰县	−0.26	−0.28	−0.31	−0.33	−0.35	−0.37
鹤峰县	0.19	0.16	0.11	0.06	0.01	−0.03
宜都市	10.21	5.05	4.16	−0.33	0.56	0.69
长阳县	7.22	2.55	2.61	−0.78	−0.70	−0.71
五峰县	0.80	−0.25	−0.20	−0.76	−0.51	−0.78

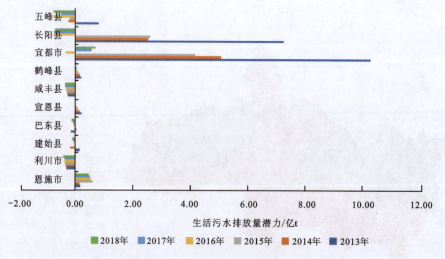

图4-26 2013—2018年清江流域各县市的生活污水排放量潜力承载图

第四章　清江流域水环境维度承载力评价

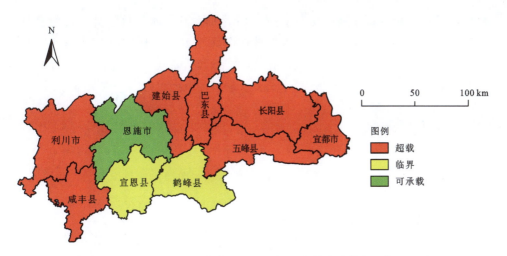

图 4-27　2016 年清江流域各县市的生活污水排放量潜力承载 GIS 图

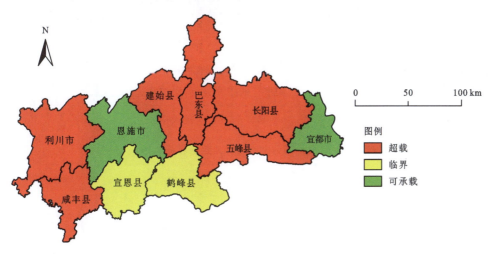

图 4-28　2017 年清江流域各县市的生活污水排放量潜力承载 GIS 图

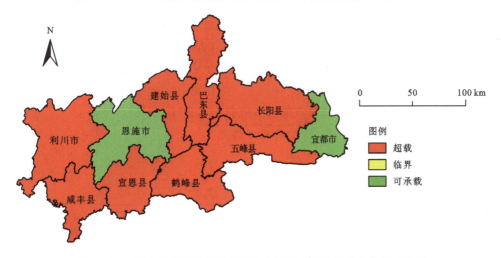

图 4-29　2018 年清江流域各县市的生活污水排放量潜力承载 GIS 图

从图 4-26 可以看出：恩施市在 2013—2018 年的生活污水排放量潜力为可承载；宣恩县和鹤峰县在 2013—2017 年的生活污水排放量潜力基本处于临界状态；长阳县在 2013—2015 年的生活污水排放量潜力为可承载；在 2018 年，仅宜都市和恩施市的生活污水排放量潜力为可承载。

第五章 清江流域水生态维度承载力评价

第一节 清江流域水生态维度承载力余量评价

1. 造林面积余量

2013—2018 年清江流域各县市的造林面积余量如表 5-1 所示。

表 5-1 2013—2018 年清江流域各县市的造林面积余量

县市	造林面积余量/hm²					
	2013 年	2014 年	2015 年	2016 年	2017 年	2018 年
恩施市	3829	4873	2394	5990	3980	1938
利川市	3758	5301	9218	6713	10 403	2280
建始县	6862	5526	7680	7884	9283	3954
巴东县	4793	3212	4000	7381	6060	3056
宣恩县	5456	4618	4298	3430	1560	3111
咸丰县	4230	3534	5255	5480	1004	193
鹤峰县	5110	4179	4037	3958	2758	2698
宜都市	2 088.5	1 489.5	2 388.5	3 268.5	3 685.0	3 705.0
长阳县	5347	1085	1173	942	677	433
五峰县	3 535.5	3 062.5	2 214.0	1 826.5	1 140.0	248.0

从表 5-1 可以看出,2017 年利川市的造林面积余量最大,为 10 403hm²,2018 年咸丰县的造林面积余量最小,为 193hm²,2014—2017 年长阳县的造林面积余量在 10 个县市中最小。

2. 饮用水水源地水质达标率余量

2013—2018 年清江流域各县市的饮用水水源地水质达标率余量如表 5-2 所示。

表 5-2 2013—2018 年清江流域各县市的饮用水水源地水质达标率余量

县市	饮用水水源地水质达标率余量/%					
	2013 年	2014 年	2015 年	2016 年	2017 年	2018 年
恩施市	100	100	100	100	100	100
利川市	100	100	100	100	100	100
建始县	100	100	100	100	100	100
巴东县	100	100	100	100	100	100
宣恩县	100	100	100	100	100	100
咸丰县	100	100	100	100	100	100
鹤峰县	100	100	100	100	100	100
宜都市	100	100	100	100	100	100
长阳县	100	100	100	100	100	100
五峰县	100	100	100	100	100	100

从表 5-2 可以看出，2013—2018 年清江流域十个县市的饮用水水源地水质达标率达到了 100%，均处于最优水平。

3. 生态保护红线面积占比余量

2018 年清江流域各县市的生态保护红线面积占比余量如表 5-3 所示。

表 5-3 2018 年清江流域各县市的生态保护红线面积占比余量

县市	2018 年生态保护红线面积占比余量/%
恩施市	51.97
利川市	51.72
建始县	32.42
巴东县	44.31
宣恩县	60.59
咸丰县	60.88
鹤峰县	64.08
宜都市	9.48
长阳县	29.49
五峰县	42.25

从表 5-3 可以看出:鹤峰县的生态保护红线面积占比余量最大,为 64.08%,说明该区域生态保护任务较重且保障能力较强;宜都市的生态保护红线面积占比最小,仅为 9.48%,说明该区域生态保护任务较轻。

第二节 清江流域水生态维度承载力潜力评价

生态保护

1. 造林面积潜力

考虑到森林覆盖率的变化不大,且没有相应的定额标准作为依托,故采用造林面积作为指标计算。

2013—2018 年宜昌市、恩施州的统计年鉴显示,2018 年,建始县的造林面积最大,达 3954hm²,咸丰县的造林面积最小,为 193hm²。

中国在亚太经合组织第十五次领导人非正式会议上制定的目标为:到 2020 年,年均造林育林面积 500 万 hm² 以上,即年均每平方千米国土面积造林育林 0.005km²。本书将此目标作为承载力定额目标。据此,2013—2018 年清江流域各县市的造林面积及定额目标如图 5-1 所示。

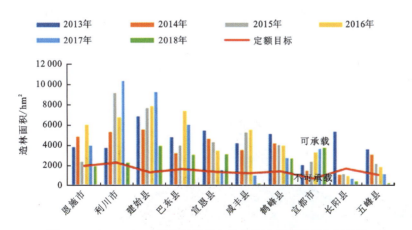

图 5-1 2013—2018 年清江流域各县市的造林面积及定额目标

从图 5-1 可以看出:2018 年,在清江流域的十个县市中,宜都市的造林面积潜力最好,超过定额目标 3 005.0hm²;长阳县的造林面积潜力最差,低于定额目标 1 267.0hm²;除恩施市、利川市、咸丰县、长阳县和五峰县外,其余县市的造林面积均在可承载范围内。清江流域各县市造林面积潜力如图 5-2 和表 5-4 所示,GIS 图如图 5-3~图 5-5 所示。

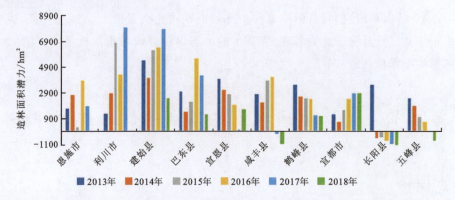

图 5-2 2013—2018 年清江流域各县市造林面积潜力的变化趋势

表 5-4 2013—2018 年清江流域各县市的造林面积潜力

县市	造林面积潜力/hm²					
	2013 年	2014 年	2015 年	2016 年	2017 年	2018 年
恩施市	1 843.0	2 887.0	408.0	4 004.0	1 994.0	-45.5
利川市	1 456.5	2 999.5	6 916.5	4 411.5	8 101.5	-23.0
建始县	5 529.0	4 193.0	6 347.0	6 551.0	7 950.0	2 621.5
巴东县	3 116.0	1 535.0	2 323.0	5 704.0	4 383.0	1 380.0
宣恩县	4 091.0	3 253.0	2 933.0	2 065.0	195.0	1 742.5
咸丰县	2 970.0	2 274.0	3 995.0	4 220.0	-256.0	-1 068.5
鹤峰县	3 674.0	2 743.0	2 601.0	2 522.0	1 302.0	1 264.0
宜都市	1 388.5	789.5	1 688.5	2 568.5	3 006.5	3 005.0
长阳县	347.0	-615.0	-527.0	-758.0	-1041.0	-1 267.0
五峰县	2 584.5	2 012.5	1 164.5	776.5	-33.5	-802.0

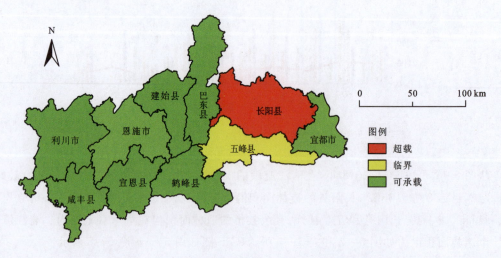

图 5-3 2016 年清江流域各县市的造林面积潜力 GIS 图

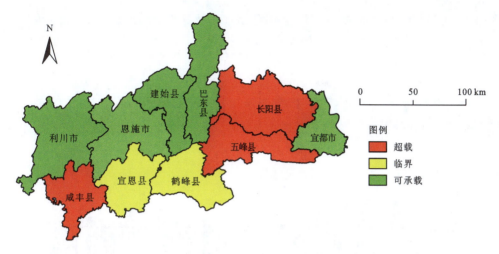

图 5-4　2017 年清江流域各县市的造林面积潜力 GIS 图

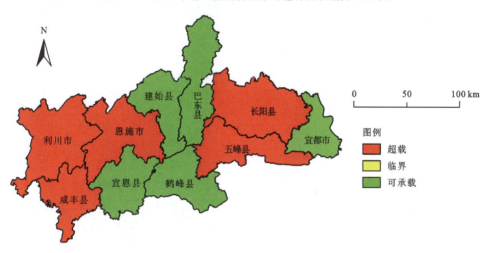

图 5-5　2018 年清江流域各县市的造林面积潜力 GIS 图

2. 生态用水率潜力

2013—2018 年宜昌市、恩施州的统计年鉴显示,2018 年恩施市的生态用水率最大,达 1.37%,2013 年宣恩县的生态用水率最小,为 0.13%。

生态用水的衡量涉及生态需水和生态缺水等概念,计算方法为植被的面积乘以其基本生态环境需水定额。目前对生态用水定额的研究不多,主要从区域尺度划分为两个方面,一是干旱、半干旱区域,二是湿地、林地、河流区域。已有研究显示,干旱、半干旱区域的生态用水率均值为 0.42%。考虑到清江流域水资源量充足,将生态用水率定额目标定为 0.6%。2013—2018 年清江流域各县市的生态用水率及定额目标如图 5-6 所示。

从图 5-6 可以发现,2016 年清江流域恩施市的生态用水率最高,2017 年宜都市的生态用水率最低。从趋势上看,除宜都市外,所有城市的生态用水率均有所增长,其中恩施市

2013—2018年的增降幅度最大。2013—2018年清江流域各县市的生态用水率潜力如图5-7和表5-5所示，GIS图如图5-8～图5-10所示。

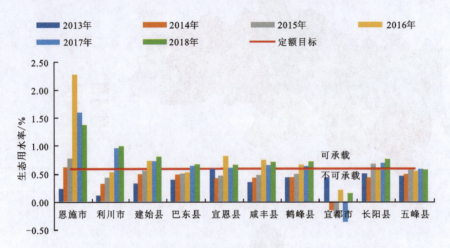

图5-6 2013—2018年清江流域各县市生态用水率及定额目标

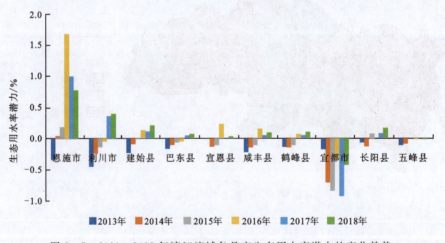

图5-7 2013—2018年清江流域各县市生态用水率潜力的变化趋势

3. 饮用水水源地水质达标率潜力

2013—2018年清江流域各县市的饮用水水源地水质达标率见表5-6。从表5-6可以发现，2017—2018年整个清江流域的饮用水水源地水质都已达标。

根据湖北省《关于加快实施"三线一单"生态环境分区管控的意见》，宜昌市、恩施州2020年饮用水水源地水质达标率的定额指标分别为95%、100%。根据式(2-62)计算出饮用水水源地水质达标率潜力如表5-7所示。从表5-7可以发现，宜都市、长阳县、五峰县的饮用水水源地达标率潜力有盈余。

表 5-5 2013—2018 年清江流域各县市的生态用水率潜力

县市	生态用水率潜力/%					
	2013 年	2014 年	2015 年	2016 年	2017 年	2018 年
恩施市	-0.368	0.034	0.190	1.683	1.003	0.774
利川市	-0.472	-0.253	-0.153	-0.062	0.371	0.399
建始县	-0.260	-0.100	-0.033	0.134	0.123	0.213
巴东县	-0.191	-0.109	-0.081	-0.069	0.049	0.080
宣恩县	-0.253	-0.164	-0.138	0.246	0.021	0.043
咸丰县	-0.237	-0.163	-0.123	0.152	0.060	0.102
鹤峰县	-0.154	-0.151	-0.089	0.069	0.047	0.111
宜都市	-0.191	-0.732	-0.857	-0.378	-0.955	-0.442
长阳县	-0.088	-0.152	0.085	-0.005	0.103	0.168
五峰县	-0.124	-0.100	-0.010	-0.035	-0.006	-0.014

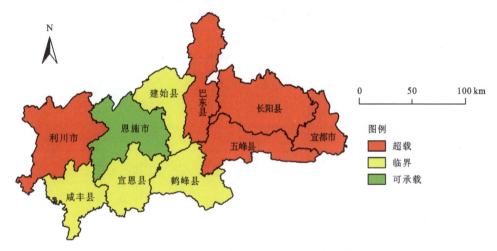

图 5-8 2016 年清江流域各县市的生态用水率潜力 GIS 图

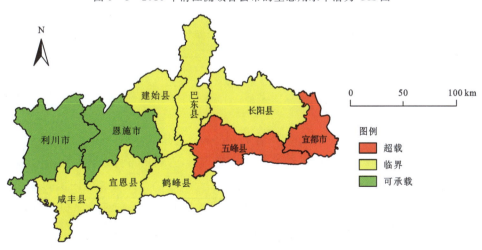

图 5-9 2017 年清江流域各县市的生态用水率潜力 GIS 图

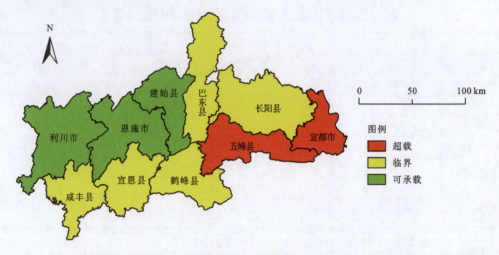

图 5-10　2018 年清江流域各县市的生态用水率潜力 GIS 图

表 5-6　2013—2018 年清江流域各县市的饮用水水源地水质达标率

县市	饮用水水源地水质达标率/%					
	2013 年	2014 年	2015 年	2016 年	2017 年	2018 年
恩施市	100	100	100	100	100	100
利川市	100	100	100	100	100	100
建始县	100	100	100	100	100	100
巴东县	100	100	100	100	100	100
宣恩县	100	100	100	100	100	100
咸丰县	100	100	100	100	100	100
鹤峰县	100	100	100	100	100	100
宜都市	100	100	100	100	100	100
长阳县	100	100	100	100	100	100
五峰县	100	100	100	100	100	100

4. 生态保护红线面积占比潜力

2018 年,清江流域生态保护红线面积为 13 959 km²。其中:利川市生态保护红线面积达 2 382.4 km²,占清江流域总生态保护红线面积的 17.1%,占利川市行政区划面积的 51.72%;长阳县的生态保护红线面积为 1 013.3 km²,占清江流域总生态保护红线面积的 7.26%,占长阳县行政区划面积的 29.49%。2018 年清江流域各县市生态保护红线面积与行政区面积及其占比见图 5-11 和表 5-8。

表 5–7 2013—2018 年清江流域各县市的饮用水水源地水质达标率潜力

县市	饮用水水源地水质达标率潜力/%					
	2013 年	2014 年	2015 年	2016 年	2017 年	2018 年
恩施市	0	0	0	0	0	0
利川市	0	0	0	0	0	0
建始县	0	0	0	0	0	0
巴东县	0	0	0	0	0	0
宣恩县	0	0	0	0	0	0
咸丰县	0	0	0	0	0	0
鹤峰县	0	0	0	0	0	0
宜都市	5	5	5	5	5	5
长阳县	5	5	5	5	5	5
五峰县	5	5	5	5	5	5

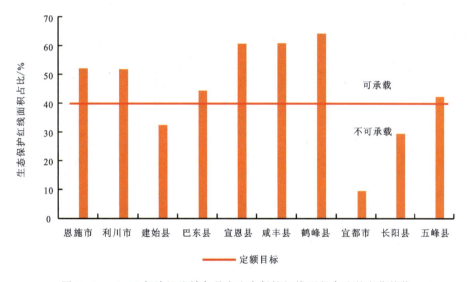

图 5–11 2018 年清江流域各县市生态保护红线面积占比的变化趋势

根据相关研究，本研究拟定生态保护红线面积占行政区面积的 40% 为定额目标。根据式(2–63)计算出 2018 年生态保护红线面积占比潜力，结果见图 5–12 和表 5–9。

从表 5–9 可以看出，建始县、宜都市、长阳县的生态保护红线面积占比潜力出现赤字。其中：宜都市的赤字最大，达 30.52%，表明宜都市的生态保护红线面积还有待提高；其余县市的生态保护红线面积占比潜力较为充足，其中宣恩县、咸丰县和鹤峰县的生态保护红线面积占比潜力均在 20% 以上，表明这三个县市的生态保护红线面积有较强的承载能力，对支持清江流域、长江经济带的发展都有较大潜力。

表 5-8 2018 年清江流域各县市的生态保护红线面积占比

县市	2018 年		
	生态保护红线面积/km²	行政区面积/km²	占比/%
恩施市	2 061.5	3967	51.97
利川市	2 382.4	4606	51.72
建始县	863.9	2665	32.42
巴东县	1 485.4	3352	44.31
宣恩县	1 658.4	2737	60.59
咸丰县	1 535.9	2523	60.88
鹤峰县	1 837.8	2868	64.08
宜都市	128.7	1357	9.48
长阳县	1 013.3	3436	29.49
五峰县	991.7	2347	42.25

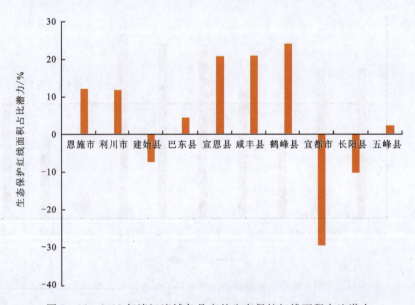

图 5-12 2018 年清江流域各县市的生态保护红线面积占比潜力

5. 水体富营养化潜力

清江流域断面富营养化现状评价方法与标准采用《湖泊富营养化调查规范》(金相灿等，1990)中所推荐的方法与标准，如表 5-10 所示。

表 5-9 2018 年清江流域各县市的生态保护红线面积占比潜力

县市	2018 年生态保护红线面积占比潜力/%
恩施市	11.97
利川市	11.72
建始县	−7.58
巴东县	4.31
宣恩县	20.59
咸丰县	20.88
鹤峰县	24.08
宜都市	−30.52
长阳县	−10.51
五峰县	2.25

表 5-10 清江流域断面富营养化评分与分级标准

营养程度	评分值 M_i	参数		
		总磷含量/ $(mg \cdot m^{-3})$	总氮含量/ $(mg \cdot m^{-3})$	高锰酸盐指数含量/ $(mg \cdot L^{-1})$
贫营养	10	1.0	20	0.15
	20	4.0	50	0.4
中营养	30	10	100	1.0
	40	25	300	2.0
	50	50	500	4.0
富营养	60	100	1000	8.0
	70	200	2000	10.0
	80	600	6000	25.0
	90	900	9000	40.0
	100	1300	16 000	60.0

评价方法采用均权评分法,先根据评价标准与鉴别结果,得出各单项指标的评分值,再求各项指标评分的平均值,用求得的平均值得出富营养化状态指数,具体如下：

$$M = \frac{1}{n}\sum_{i=1}^{n} M_i \tag{5-1}$$

式中,M 为营养状态评分指数值;M_i 为评价指标的评分值;N 为评价参数的个数。

断面营养化分级判别方法采用 0~100 的一系列连续数字对其营养状态进行分级：

$M<30$，贫营养（oligotropher）；

$30 \leqslant M \leqslant 50$，中营养（mesotropher）；

$M>50$，富营养（eutropher）；

$50<M \leqslant 60$，轻度富营养（light eutropher）；

$60<M \leqslant 70$，中度富营养（middle eutropher）；

$M>70$，重度富营养（hyper eutropher）。

在同一营养状态下，营养状态评分指数值越大，其富营养化程度越重。富营养化状况评价指标：总氮含量、总磷含量、高锰酸盐指数（COD_{Mn}）。

清江流域恩施市、利川市、建始县、巴东县、宣恩县、咸丰县、鹤峰县和长阳县断面分布情况如表 5-11 所示，各断面的富营养化评价结果如表 5-12 所示。

从表 5-12 可以看出，除 2017 年清江流域巴东县断面的营养状态为中营养之外，2017—2019 年清江流域其他县市的断面富营养状态评分指数值集中表现为中度富营养和重度富营养，最大值达到 87。其中，宣恩县断面、咸丰县断面和鹤峰县的断面营养状态均为中度富营养，利川市断面的营养状态均为重度富营养，恩施市断面和建始县断面的营养状态从中度富营养加剧到重度富营养，巴东县断面的营养状态从中营养加剧到中度富营养，长阳县 2017 年断面的营养状态为中度富营养，2018—2019 年变为轻度富营养。

表 5-11　清江流域各县市的断面分布

县市	断面
恩施市	龙凤大桥
恩施市	长沙河
恩施市	大沙坝
利川市	雪照河
利川市	梅子河
利川市	长顺
利川市	七要口
利川市	西门
建始县	七里坪
建始县	小溪口
建始县	景阳河
建始县	南里渡

续表 5－11

县市	断面
巴东县	黄蜡石
	桅杆坪
	神农洞
宣恩县	木场河
	乐坪
	洞坪
咸丰县	唐岩河
	周家坝
	龙坪
鹤峰县	芭蕉河
	茶叶湾
	江口
长阳县	隔河岩坝
	清江大桥

表 5－12　2017—2019 年清江流域各县市的断面富营养化评价

县市	年份	总磷含量/ (mg·m^{-3})	总氮含量/ (mg·m^{-3})	高锰酸盐指数/ (mg·L^{-1})	M	营养状态
恩施市	2017	124.08	2 268.33	3.57	67	中度富营养
	2018	176.17	6743	5.33	73	重度富营养
	2019	194	7 462.5	6.32	73	重度富营养
利川市	2017	316.92	6 849.17	8.75	80	重度富营养
	2018	307	12 108.08	11.17	87	重度富营养
	2019	308.67	12 520	11.25	87	重度富营养
建始县	2017	98	3680	4.01	63	中度富营养
	2018	168.75	6 814.17	6.87	73	重度富营养
	2019	103.5	2 286.67	7.48	73	重度富营养
巴东县	2017	－98.57	2780	4.08	50	中营养
	2018	136.25	4 861.51	3.79	67	中度富营养
	2019	120.42	4 875.83	3.94	67	中度富营养

续表 5-12

县市	年份	总磷含量/(mg·m⁻³)	总氮含量/(mg·m⁻³)	高锰酸盐指数/(mg·L⁻¹)	M	营养状态
宣恩县	2017	89.33	3164	4.01	67	中度富营养
	2018	130.42	2 924.17	3.52	67	中度富营养
	2019	100.83	4 718.33	5.53	70	中度富营养
咸丰县	2017	85.83	4 840.42	4.01	67	中度富营养
	2018	88.33	4 756.67	4.17	67	中度富营养
	2019	109.5	5 348.33	6.39	70	中度富营养
鹤峰县	2017	72.42	3 281.17	3.79	63	中度富营养
	2018	84.67	3609	3.82	70	中度富营养
	2019	97.58	2 756.67	2.87	63	中度富营养
长阳县	2017	159.88	2 550.8	3.09	67	中度富营养
	2018	43.17	2280	2.67	60	轻度富营养
	2019	37.92	2445	2.63	60	轻度富营养

由于清江流域断面营养状态没有相应的定额目标作为依托,根据金相灿等(1990)中所推荐的方法与标准,本研究将分值 30 作为清江流域断面营养状态的定额目标。水体富营养化是负向指标,以定额标准 30 为上限,清江流域各断面的水体富营养化潜力评价如图 5-13 和表 5-13 所示。

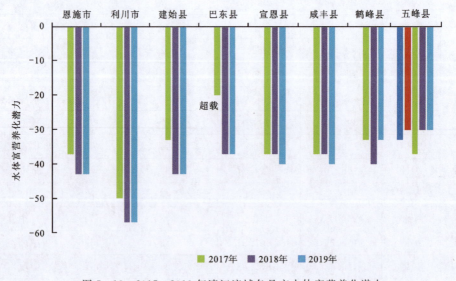

图 5-13 2017—2019 年清江流域各县市水体富营养化潜力

表5-13 清江流域断面营养状态指数值承载力潜力评价表

县市	水体富营养化潜力		
	2017年	2018年	2019年
恩施市	-37	-43	-43
利川市	-50	-57	-57
建始县	-33	-43	-43
巴东县	-20	-37	-37
宣恩县	-37	-37	-40
咸丰县	-37	-37	-40
鹤峰县	-33	-40	-33
长阳县	-37	-30	-30

由图5-13和表5-13可知,清江流域各县市断面的营养状态均为超载状态,水体富营养化潜力值均集中在-50～-30之间。其中:利川市断面在2018年、2019年的营养状态指数值超载情况最严重,水体富营养化潜力值为-57,说明利川市断面的富营养化程度最重,对改善水生态极为不利;巴东县断面在2017年的营养状态指数值超载情况最轻,为-20,说明巴东县断面的富营养化程度较轻。

第六章　清江流域水资源承载力集成评价和耦合协调分析

第一节　集成评价和耦合协调分析方法

一、集成评价方法

为了总体评价清江流域水资源承载能力,需要考虑对单项指标进行集成评价,具体步骤如下。

1. 采用极差法标准化数据

不同指标在单位和量纲上的差异可能会对评价结果产生影响,因此要对各项指标进行标准化处理,具体为:

$$y_{ij}=\begin{cases}\dfrac{x_{ij}-\min\{x_{ij}\}}{\max\{x_{ij}\}-\min\{x_{ij}\}} & (正向指标)\\ \dfrac{\max\{x_{ij}\}-x_{ij}}{\max\{x_{ij}\}-\min\{x_{ij}\}} & (负向指标)\end{cases} \quad 其中:i=1,2,\cdots,m;j=1,2,\cdots,n \quad (6-1)$$

式中,x_{ij} 为指标数据原始值;y_{ij} 为第 i 子系统的第 j 个指标;$\min\{x_{ij}\}$ 和 $\max\{x_{ij}\}$ 分别为 x_{ij} 的最大值和最小值。

2. 采用变异系数法计算权重

计算各项指标的标准差:

$$\sigma_j=\sqrt{\dfrac{n\sum x^2-(\sum x)^2}{n^2}}$$

计算变异系数:

$$V_i=\dfrac{\sigma_i}{x_i} \quad 其中\ i=1,2,3,\cdots,n$$

计算权重:

$$W_i = \frac{V_i}{\sum\limits_{i=1}^{n} V_i}$$

3. 采用加权 TOPSIS 法计算综合评价值

计算规范矩阵:

$$Z_{ij} = \frac{y_{ij}}{\sqrt{\sum\limits_{i=1}^{n} y_{ij}^2}}$$

计算加权规范矩阵:

$$U_{ij} = W_i \cdot Z_{ij}$$

将各方案与理想解的距离作为评价值:

$$C_i^* = \frac{\sqrt{\sum\limits_{j=1}^{n}(U_{ij}-U_j^0)^2}}{\sqrt{\sum\limits_{j=1}^{n}(U_{ij}-U_j^0)^2}+\sqrt{\sum\limits_{j=1}^{n}(U_{ij}-U_j^*)^2}} \quad \text{其中} \begin{cases} U_j^* = \max(U_1, U_2\cdots, U_j) \\ U_j^0 = \min(U_1, U_2\cdots, U_j) \end{cases}$$

式中,U_j^* 为正理想解;U_j^0 为负理想解。

二、耦合协调分析方法

耦合度函数反映了子系统间相互作用的强弱程度。本书构建的水资源量、水环境和水生态耦合度函数形式如下。

$$C = \left\{ \frac{I_{RE}^* \times I_{EN}^* \times I_{EC}^*}{[(I_{RE}^* + I_{EN}^* + I_{EC}^*)/3]^3} \right\}^{\frac{1}{3}}$$

式中,I_{RE}^*、I_{EN}^*、I_{EC}^* 为利用加权 TOPSIS 法求出的水资源量、水环境和水生态各维度的评价值;C 为耦合度,取值为[0,1](当 C 趋近于 0 时,表示子系统关联性极小,不存在耦合关系;当 C 趋近于 1 时,表明两子系统耦合度较大,存在良好共振耦合)。

虽然耦合度能反映水资源量、水环境和水生态系统间相互依赖的影响程度,但是当子系统均处于较低水平时,测算出的系统耦合度也会较高,无法反映出整个系统的协调发展水平,因此为了更好地评价清江流域水资源量、水环境和水生态之间发展的耦合协调程度,引入耦合协调度模型。其函数形式如下:

$$D = \sqrt{B_i \times (\alpha I_{RE}^* + \beta I_{EN}^* + \gamma I_{EC}^*)}$$

式中,α、β、γ 分别为水资源量、水环境和水生态的重要程度。

在"共抓大保护,不搞大开发"、生态环境保护优先等战略背景下,水环境和水生态的重要性相比水资源量的重要性更强,但三者之间的贡献度受到协调发展要求又不能过于失衡,因此本书将 α、β、γ 定为 0.30、0.35、0.35。

耦合度 C 可划分为四大类,即低度耦合阶段($0 \leqslant C < 0.3$)、拮抗阶段($0.3 \leqslant C < 0.5$)、磨合阶段($0.5 \leqslant C < 0.8$)、高度耦合阶段($0.8 \leqslant C \leqslant 1.0$)。耦合协调度可划分为七大类,即严重失调($0 \leqslant D < 0.3$)、濒临失调($0.3 \leqslant D < 0.5$)、勉强协调($0.5 \leqslant D < 0.6$)、初级协调($0.6 \leqslant D < 0.7$)、中级协调($0.7 \leqslant D < 0.8$)、良好协调($0.8 \leqslant D < 0.9$)、优质协调($0.9 \leqslant D \leqslant 1.0$)。

第二节 清江流域水资源承载力原值评价分析

根据原值定义,本节的水资源承载力原值评价仅包括水资源禀赋条件(表6-1,图6-1~图6-3),即水资源量、灌溉可用水量、城镇可用水量、工业可用水量和生态可用水量,不考虑水环境维度和水生态维度的评价指标。

表6-1 2013—2018年清江流域各县市的水资源禀赋条件评价

县市	水资源禀赋					
	2013年	2014年	2015年	2016年	2017年	2018年
恩施市	0.67	0.48	0.67	0.67	0.67	0.62
利川市	0.37	0.69	0.43	0.28	0.47	0.35
建始县	0.25	0.23	0.29	0.19	0.28	0.25
巴东县	0.36	0.24	0.28	0.19	0.34	0.28
宣恩县	0.12	0.23	0.15	0.06	0.16	0.06
咸丰县	0.14	0.24	0.14	0.33	0.19	0.09
鹤峰县	0.14	0.10	0.13	0.07	0.19	0.10
宜都市	0.69	0.31	0.62	0.74	0.61	0.87
长阳县	0.11	0.27	0.17	0.14	0.30	0.20
五峰县	0.11	0.09	0.09	0.05	0.17	0.05

从表6-1可以看出,恩施市、利川市和宜都市的水资源禀赋条件较好,远超其他七个县市,这主要是因为恩施市和利川市的水资源对农业生产和城镇建设有较强的承载能力,宜都市的水资源对工业发展有较强的承载能力;建始县、巴东县的水资源禀赋条件次之,这主要是因为这两个县市的水资源对工业发展有较强的承载能力;咸丰县、鹤峰县和长阳县比五峰县的水资源禀赋条件稍好,五峰县的水资源禀赋条件最差,这主要是因为五峰县的水资源对工业发展的承载能力较弱。

第六章 清江流域水资源承载力集成评价和耦合协调分析

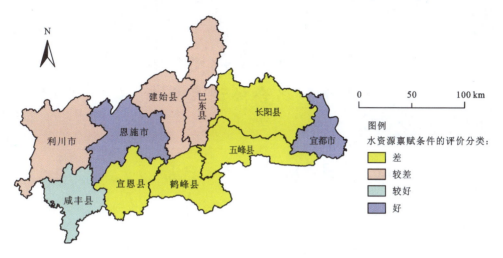

图 6-1 2016 年清江流域各县市的水资源禀赋条件的评价分类

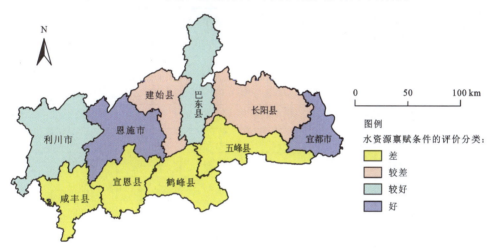

图 6-2 2017 年清江流域各县市的水资源禀赋条件的评价分类

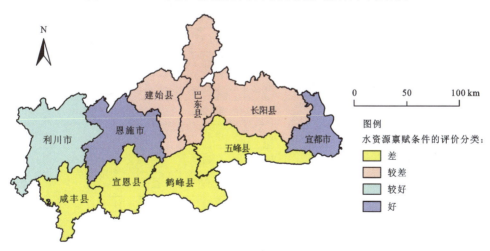

图 6-3 2018 年清江流域各县市的水资源禀赋条件的评价分类

第三节 清江流域水资源承载力余量集成评价和耦合协调度分析

一、水资源承载力余量集成评价

2013—2018年清江流域各县市的水资源承载力余量集成评价如表6-2和图6-4～图6-6所示。

表6-2 2013—2018年清江流域各县市的水资源承载力余量集成评价

县市	评价维度	水资源承载力余量集成评价					
		2013年	2014年	2015年	2016年	2017年	2018年
恩施市	水资源量指数	0.56	0.50	0.55	0.61	0.65	0.74
	水环境指数	0.58	0.28	0.24	0.29	0.31	0.31
	水生态指数	0.38	0.88	0.32	0.91	0.47	0.66
	综合指数	1.52	1.66	1.11	1.81	1.43	1.71
利川市	水资源量指数	0.80	0.83	0.81	0.66	0.70	0.86
	水环境指数	0.18	0.53	0.47	0.34	0.36	0.37
	水生态指数	0.32	0.83	0.91	0.30	0.88	0.66
	综合指数	1.30	2.19	2.19	1.30	1.94	1.89
建始县	水资源量指数	0.40	0.36	0.45	0.37	0.37	0.40
	水环境指数	0.36	0.16	0.18	0.14	0.14	0.26
	水生态指数	0.70	0.92	0.81	0.38	0.77	0.71
	综合指数	1.46	1.44	1.44	0.89	1.28	1.37
巴东县	水资源量指数	0.40	0.35	0.42	0.35	0.33	0.41
	水环境指数	0.42	0.33	0.27	0.11	0.14	0.12
	水生态指数	0.61	0.60	0.42	0.32	0.57	0.65
	综合指数	1.43	1.28	1.11	0.78	1.04	1.18
宣恩县	水资源量指数	0.39	0.38	0.47	0.33	0.34	0.43
	水环境指数	0.10	0.14	0.13	0.11	0.07	0.08
	水生态指数	0.80	0.80	0.44	0.33	0.30	0.69
	综合指数	1.29	1.32	1.04	0.77	0.71	1.20

续表 6-2

县市	评价维度	水资源承载力余量集成评价					
		2013年	2014年	2015年	2016年	2017年	2018年
咸丰县	水资源量指数	0.37	0.39	0.43	0.37	0.34	0.44
	水环境指数	0.22	0.11	0.35	0.08	0.07	0.11
	水生态指数	0.51	0.63	0.54	0.33	0.29	0.41
	综合指数	1.10	1.13	1.32	0.78	0.70	0.96
鹤峰县	水资源量指数	0.23	0.21	0.31	0.25	0.23	0.28
	水环境指数	0.10	0.19	0.11	0.16	0.13	0.18
	水生态指数	0.67	0.74	0.42	0.27	0.36	0.67
	综合指数	1.00	1.14	0.04	0.68	0.72	1.13
宜都市	水资源量指数	0.09	0.06	0.11	0.06	0.11	0.00
	水环境指数	0.01	0.52	0.57	0.68	0.65	0.59
	水生态指数	0.38	0.29	0.23	0.15	0.30	0.50
	综合指数	0.48	0.87	0.91	0.89	1.06	1.09
长阳市	水资源量指数	0.34	0.39	0.44	0.47	0.42	0.55
	水环境指数	0.34	0.67	0.47	0.63	0.67	0.66
	水生态指数	0.75	0.38	0.26	0.20	0.22	0.35
	综合指数	1.43	1.44	1.18	1.30	1.31	1.56
五峰县	水资源量指数	0.23	0.24	0.32	0.29	0.31	0.36
	水环境指数	0.13	0.18	0.20	0.24	0.27	0.23
	水生态指数	0.47	0.48	0.24	0.16	0.21	0.29
	综合指数	0.83	0.90	0.76	0.69	0.79	0.88

1. 综合指数分析

从综合指数来看,恩施州的水资源承载力相对于宜昌市要强,主要是因为恩施市和利川市的水资源承载力相对较强。从时间维度来看,恩施市的综合指数呈上升—下降—上升—下降—上升的变化趋势,在总体上是上升的,且于 2013 年和 2016 年均达到十个县市中的最大值,说明恩施市的水资源承载力是相对较强的;利川市的综合指数呈上升—下降—上升—下降的变化趋势,在总体上是上升的,且于 2014 年、2015 年、2017 年和 2018 年均达十个县市中的最大值,说明利川市的水资源承载力是相对较强的;建始县、巴东县的综合指数均呈下降—上升的变化趋势,宣恩县、咸丰县、鹤峰县的综合指数呈上升—下降—上升的变化趋势,但是在总体上是下降的,这主要与水环境指数和水生态指数下降明显有关,说明这五个县市的水资源承载力相对下降;宜都市、长阳县和五峰县的综合指数呈上升—下降—上升的变化趋势,在总体上呈上升趋势,说明宜昌市这三个县市的水资源承载力是上升的。

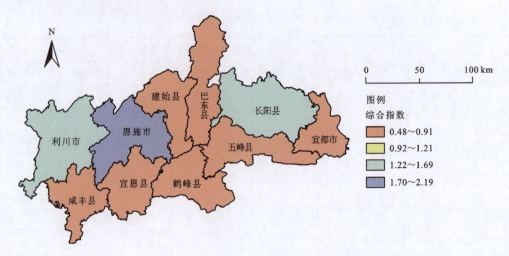

图 6-4 2016 年清江流域各县市的水资源承载力余量集成评价复合图

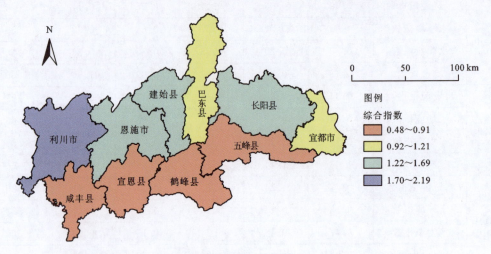

图 6-5 2017 年清江流域各县市的水资源承载力余量集成评价复合图

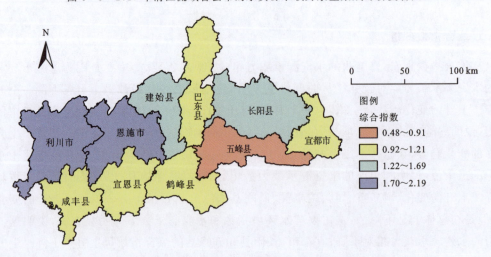

图 6-6 2018 年清江流域各县市的水资源承载力余量集成评价复合图

2. 各维度指数分析

从水资源量维度来看,恩施市和利川市的承载力余量最大,且远大于清江流域其他县市的,而宜都市和鹤峰县的承载力较弱。虽然利川市的水资源开发利用效率并不高,但其尚可使用的水资源量高,因此其水资源对农业生产、城镇建设和工业发展等均有很强的承载能力。宜都市在水资源量维度的承载能力最弱,主要是农业用水效率的不高以及对农业生产承载能力弱等原因造成的,而鹤峰县在水资源量维度的承载能力很弱,其主要原因则是用水效率有待提高。

从水环境维度来看:宜都市和长阳县的承载能力相对较强,其中宜都市的承载能力在2015年和2016年相对来说是十个县市中最强的,长阳县的承载能力在2014年、2017年和2018年相对来说是十个县市中最强的,这主要是因为宜都市的水环境对居民生活表现出更强的承载能力,长阳县对工业发展表现出更强的承载能力;恩施市的承载能力在2013年相对来说在十个县市中是最大的,这主要是因为恩施市对工业发展表现出较强的承载能力;宣恩县的承载能力相对较弱,这主要是因为宣恩县对居民生活的承载能力较弱;利川市的水环境指数呈上升—下降—上升的变化趋势,在2014年以后,其相对承载能力仅次于宜都市和长阳县,这主要是因为利川市对农业生产有较高的承载能力,分别表现为对氮肥排放量和化肥排放量的承载能力;建始县、巴东县和咸丰县的水环境指数总体呈现下降趋势,说明这三个县对水环境的承载能力逐渐变弱;鹤峰县的水环境指数总体上升趋势,这主要是因为鹤峰县对工业发展和农业生产的承载能力逐渐增强。

从水生态维度来看,恩施州七个县市的承载能力强于宜昌市三个县市。其中,恩施州的恩施市、利川市、建始县、宣恩县分别在2016年、2015年和2017年、2014年和2018年、2013年分别达到最大承载能力;巴东县和鹤峰县的水生态指数总体呈上升趋势,说明这两个县对水生态的承载能力逐渐增强;而咸丰县的水生态指数总体呈下降趋势,主要是因为咸丰县对造林面积的承载能力减弱。宜昌市的整体承载能力虽然较弱,但是宜都市的水生态指数总体呈上升趋势,主要是因为宜都市对造林面积和生态保护红线面积的承载能力增强。

二、水资源承载力余量协调发展分析

1. 耦合度评价

由表6-3可知:2013—2018年,恩施市、利川市、巴东县、长阳县和五峰县均处于高度耦合阶段,说明这些县市的水资源量、水环境和水生态系统间具有较强的相互依赖和同步发展关系;建始县、宣恩县和鹤峰县均出现过磨合阶段;宜都市的耦合度逐渐减弱,说明该市的水资源量、水环境和水生态系统间发展不同步。

将2016—2018年耦合度结果叠至空间,如图6-7~6-9所示。

表 6-3 2013—2018 年清江流域各县市的水资源承载力余量耦合度等级一览表

县市	评价项	耦合度评价					
		2013 年	2014 年	2015 年	2016 年	2017 年	2018 年
恩施市	指数	0.98	0.90	0.94	0.90	0.95	0.93
	等级	高度	高度	高度	高度	高度	高度
利川市	指数	0.83	0.98	0.96	0.94	0.94	0.94
	等级	高度	高度	高度	高度	高度	高度
建始县	指数	0.96	0.78	0.84	0.91	0.80	0.92
	等级	高度	磨合	高度	高度	高度	高度
巴东县	指数	0.98	0.96	0.98	0.88	0.86	0.80
	等级	高度	高度	高度	高度	高度	高度
宣恩县	指数	0.74	0.79	0.86	0.89	0.80	0.72
	等级	磨合	磨合	高度	高度	高度	磨合
咸丰县	指数	0.94	0.79	0.98	0.81	0.81	0.85
	等级	高度	磨合	高度	高度	高度	高度
鹤峰县	指数	0.75	0.81	0.87	0.97	0.92	0.86
	等级	磨合	高度	高度	高度	高度	高度
宜都市	指数	0.63	0.34	0.33	0.34	0.28	0.27
	等级	磨合	拮抗	拮抗	拮抗	低度	低度
长阳县	指数	0.93	0.96	0.97	0.90	0.91	0.97
	等级	高度	高度	高度	高度	高度	高度
五峰县	指数	0.88	0.92	0.98	0.97	0.99	0.98
	等级	高度	高度	高度	高度	高度	高度

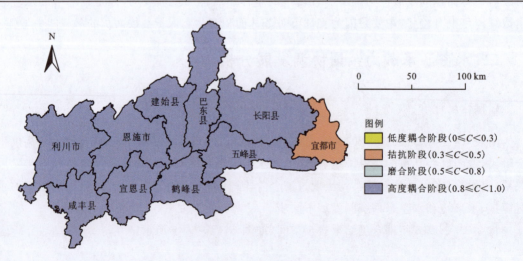

图 6-7 2016 年清江流域各县市的水资源承载力余量耦合度 GIS 图

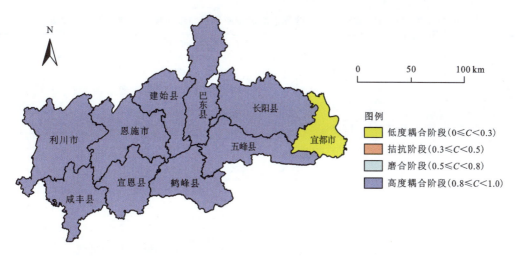

图 6-8 2017 年清江流域各县市的水资源承载力余量耦合度 GIS 图

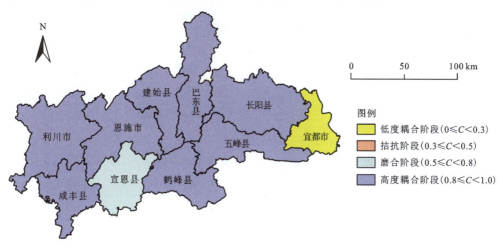

图 6-9 2018 年清江流域各县市的水资源承载力余量耦合度 GIS 图

2. 耦合协调度评价

当子系统均处于较低水平时,测算出的系统耦合度也会较高,这就无法反映出整个系统的协调发展水平。为了更好地评价清江流域水资源量、水环境和水生态系统间的耦合协调程度,需要进行耦合协调度评价(表 6-4)。

从表 6-4 来看,恩施市、利川市、长阳县 2018 年的水资源承载力余量耦合协调度达到中级,程度较高,表明其水资源量、水环境和水生态系统依赖关系与影响程度较高;2016—2018 年,巴东县、宣恩县、咸丰县、鹤峰县、宜都市和五峰县的水资源承载力余量耦合协调度均出现了勉强协调和(或)濒临失调状态,耦合协调度较低,反映出建始县、巴东县、宣恩县、咸丰县、鹤峰县、宜都市和五峰县水资源量、水环境和水生态系统间的联系程度较低,水资源量、水环境和水生态系统间具有相对的独立性。

将 2016—2018 年耦合协调度结果叠至空间,如图 6-10~6-12 所示。

表 6-4 2013—2018 年清江流域各县市的水资源承载力余量耦合协调度等级一览表

县市	评价项	耦合协调度					
		2013 年	2014 年	2015 年	2016 年	2017 年	2018 年
恩施市	指数	0.70	0.71	0.59	0.74	0.67	0.72
	等级	中级	中级	勉强	中级	初级	中级
利川市	指数	0.59	0.84	0.84	0.63	0.78	0.76
	等级	勉强	良好	良好	初级	中级	中级
建始县	指数	0.69	0.62	0.64	0.52	0.59	0.65
	等级	初级	初级	初级	勉强	勉强	初级
巴东县	指数	0.69	0.64	0.60	0.47	0.55	0.56
	等级	初级	初级	初级	濒临	勉强	勉强
宣恩县	指数	0.57	0.59	0.54	0.47	0.43	0.53
	等级	勉强	勉强	勉强	濒临	濒临	勉强
咸丰县	指数	0.59	0.54	0.66	0.46	0.43	0.52
	等级	勉强	勉强	初级	濒临	濒临	勉强
鹤峰县	指数	0.51	0.56	0.49	0.47	0.47	0.57
	等级	勉强	勉强	濒临	濒临	濒临	勉强
宜都市	指数	0.32	0.32	0.32	0.32	0.32	0.32
	等级	濒临	濒临	濒临	濒临	濒临	濒临
长阳县	指数	0.67	0.68	0.61	0.62	0.63	0.71
	等级	初级	初级	初级	初级	初级	中级
五峰县	指数	0.50	0.53	0.49	0.47	0.51	0.53
	等级	勉强	勉强	濒临	濒临	勉强	勉强

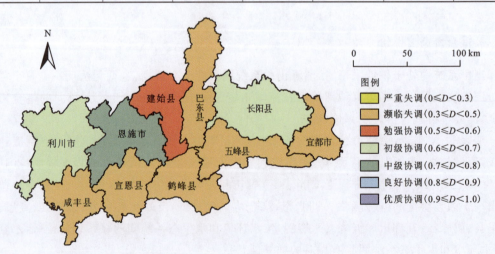

图 6-10 2016 年清江流域各县市的水资源承载力余量耦合协调度 GIS 图

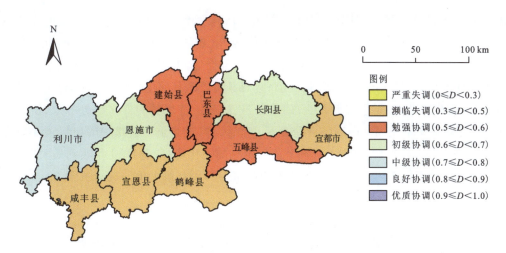

图 6-11 2017年清江流域各县市的水资源承载力余量耦合协调度 GIS 图

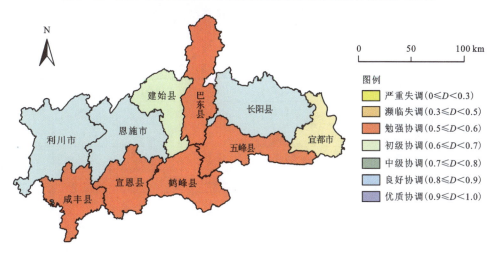

图 6-12 2018年清江流域各县市的水资源承载力余量耦合协调度 GIS 图

第四节 清江流域水资源承载力潜力集成评价和耦合协调分析

一、水资源承载力潜力集成评价

1. 综合指数分析

从综合指数来看(表 6-5,图 6-13～图 6-15),宜昌市的宜都市、长阳县和五峰县的综合指数高于恩施州的七个县市,说明宜昌市的综合承载能力强于恩施州。从时间维度来看,宜昌市三个县市综合指数的变化趋势基本一致,而恩施州七个县市的变化趋势不完全一致。

恩施市的变化趋势为上升—下降—上升,其中 2016 年达到最大值 1.55;利川市的变化趋势为上升—下降—上升,2018 年的 1.52 是最大值,2013 年的 1.14 是最小值;建始县的变化趋势为下降—上升—下降—上升,2015 年的 0.95 是最大值,整体呈下降趋势;巴东县呈下降—上升的变化趋势,2018 年的 0.92 是最大值;宣恩县与巴东县的变化趋势一致,但上升幅度大于巴东县,也是在 2018 年达到最大值;鹤峰县与巴东县、宣恩县的变化趋势一致,但是上升幅度小于巴东县和宣恩县,于 2016 年降至最小值 0.43(也是十个县市中的历年最小值);宜都市的综合指数总体较高,呈现上升—下降—上升的变化趋势,于 2014 年达到最大值 1.75;长阳县于 2014 年达到最大值 1.91(也是十个县市中的历年最大值);五峰县于 2015 年达到最大值 1.19。

表 6-5　2013—2018 年清江流域各县市的水资源承载力潜力集成评价

县市	评价维度	集成评价					
		2013 年	2014 年	2015 年	2016 年	2017 年	2018 年
恩施市	水资源量指数	0.72	0.71	0.73	0.72	0.70	0.74
	水环境指数	0.28	0.24	0.31	0.35	0.38	0.46
	水生态指数	0.07	0.20	0.14	0.49	0.26	0.28
	综合指数	1.07	1.15	1.18	1.56	1.34	1.48
利川市	水资源量指数	0.86	0.86	0.84	0.75	0.65	0.80
	水环境指数	0.27	0.25	0.29	0.32	0.37	0.48
	水生态指数	0.01	0.18	0.32	0.17	0.39	0.23
	综合指数	1.14	1.29	1.45	1.24	1.41	1.51
建始县	水资源量指数	0.41	0.42	0.43	0.41	0.34	0.38
	水环境指数	0.16	0.13	0.22	0.17	0.18	0.22
	水生态指数	0.35	0.23	0.31	0.24	0.38	0.32
	综合指数	0.92	0.78	0.96	0.82	0.90	0.92
巴东县	水资源量指数	0.39	0.39	0.39	0.37	0.34	0.39
	水环境指数	0.21	0.20	0.27	0.22	0.25	0.28
	水生态指数	0.21	0.15	0.17	0.19	0.28	0.26
	综合指数	0.81	0.74	0.83	0.78	0.87	0.93
宣恩县	水资源量指数	0.23	0.24	0.25	0.27	0.27	0.25
	水环境指数	0.20	0.21	0.24	0.16	0.16	0.20
	水生态指数	0.31	0.19	0.19	0.20	0.19	0.29
	综合指数	0.74	0.64	0.68	0.63	0.62	0.74

续表 6-5

县市	评价维度	集成评价					
		2013年	2014年	2015年	2016年	2017年	2018年
咸丰县	水资源量指数	0.26	0.27	0.27	0.26	0.26	0.26
	水环境指数	0.17	0.17	0.24	0.18	0.19	0.24
	水生态指数	0.19	0.16	0.23	0.21	0.19	0.19
	综合指数	0.62	0.60	0.74	0.65	0.64	0.69
鹤峰县	水资源量指数	0.06	0.05	0.07	0.09	0.13	0.13
	水环境指数	0.21	0.22	0.36	0.18	0.17	0.16
	水生态指数	0.26	0.18	0.18	0.16	0.22	0.28
	综合指数	0.53	0.45	0.61	0.43	0.52	0.57
宜都市	水资源量指数	0.15	0.15	0.15	0.16	0.26	0.29
	水环境指数	0.71	0.80	0.65	0.68	0.65	0.47
	水生态指数	0.65	0.80	0.73	0.52	0.68	0.73
	综合指数	1.51	1.75	1.53	1.36	1.59	1.49
长阳市	水资源量指数	0.40	0.40	0.39	0.41	0.34	0.41
	水环境指数	0.69	0.57	0.55	0.77	0.75	0.69
	水生态指数	0.81	0.80	0.69	0.55	0.62	0.66
	综合指数	1.90	1.77	1.63	1.73	1.71	1.76
五峰县	水资源量指数	0.09	0.10	0.10	0.13	0.14	0.16
	水环境指数	0.31	0.26	0.34	0.22	0.25	0.24
	水生态指数	0.73	0.89	0.74	0.56	0.65	0.68
	综合指数	1.13	1.25	1.18	0.91	1.04	1.08

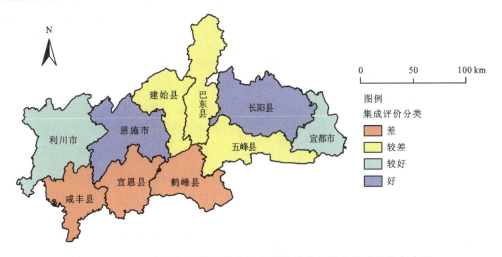

图 6-13　2016年清江流域各县市的水资源承载力潜力集成评价复合图

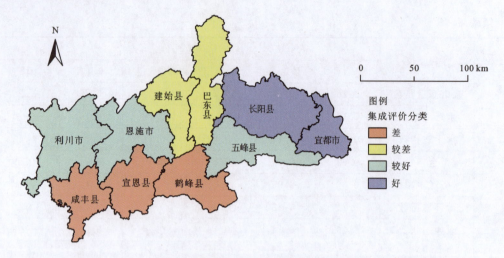

图 6-14　2017 年清江流域各县市的水资源承载力潜力集成评价复合图

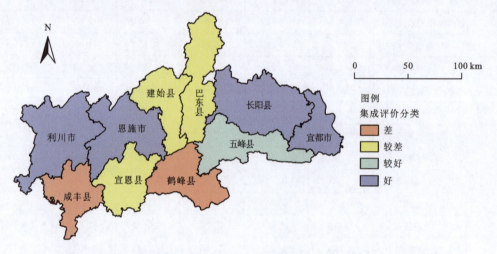

图 6-15　2018 年清江流域各县市的水资源承载力潜力集成评价复合图

2. 各维度指数分析

从水资源量维度来看,恩施市和利川市的水资源承载力潜力最大,且远高于其他县市,而五峰县和鹤峰县的承载力潜力最小。虽然利川市水资源开发利用效率并不高,但其尚可使用的水资源量高,因此其水资源对农业生产和城镇建设等均有很强的承载能力。五峰县的承载能力最低,主要是由于农业用水效率不高以及对农业生产承载能力弱,而鹤峰县承载能力低的主要原因则是工业发展用水效率有待提高。

从水环境维度来看,宜昌市的宜都市和长阳县的承载能力呈现先上升后下降再上升的"N"字形变化趋势。其中:2015 年,宜都市的承载能力最强,长阳县次之;2016 年,五峰县的承载能力最强。恩施州七县市均呈现先下降后上升再下降的"倒 N"字形变化趋势,其中恩施市和利川市的承载能力在 2015 年后慢慢趋于稳定,且承载能力最弱。宜昌市三个县市的承载能力较强,主要是因为宜都市的水环境对居民生活表现出更强的承载能力,长阳县和五峰县对工业发展和农业生产表现出更强的承载能力。恩施州的恩施市、利川市和咸丰县,其水环境对工业发展处于超载状态,主要表现为COD排放总量的超载;巴东县、鹤峰县和宣恩县的水环境对农业生产处于超载状态,分别表现为复合肥、磷肥和氮肥排放量的超载;利川市和建始县的水环境对居民生活处于超载状态。

从水生态维度来看,宜昌市三个县市的承载能力最强,且远超恩施州的七个县市。作为农产品主体功能区的宜都市若被纳入清江流域生态功能重点保护范畴,它将处于严重失调状态,这也体现了资源承载力的评价必须结合主体功能定位的特点。

二、水资源承载力潜力协调发展分析

1. 耦合度评价

清江流域十个县市2013—2018年的水资源量、水环境和水生态耦合度综合评价值如表6-6所示。从空间演化来看,只有宜都市处于低度耦合阶段,说明宜都市水资源量、水环境和水生态系统之间的依赖程度极低。从时间演化来看,各县市的耦合度值均有不同程度的变化。其中利川市的耦合度增幅最大,从0.32增长到0.89,增长率达到178%,说明其水资源量、水环境和水生态系统之间相互依赖程度较强,且依赖程度逐渐增强。

2016—2018年清江流域各县市的水资源承载潜力耦合度GIS图如图6-16～图6-18所示。

表6-6 2013—2018年清江流域各县市的水资源承载力潜力耦合度等级一览表

县市	评价项	耦合度					
		2013年	2014年	2015年	2016年	2017年	2018年
恩施市	指数	0.68	0.85	0.81	0.96	0.92	0.92
	等级	磨合	高度	高度	高度	高度	高度
利川市	指数	0.32	0.79	0.88	0.83	0.97	0.89
	等级	磨合	磨合	高度	高度	高度	高度
建始县	指数	0.92	0.89	0.96	0.94	0.95	0.97
	等级	高度	高度	高度	高度	高度	高度
巴东县	指数	0.96	0.92	0.95	0.96	0.99	0.98
	等级	高度	高度	高度	高度	高度	高度
宣恩县	指数	0.98	0.99	0.99	0.98	0.98	0.99
	等级	高度	高度	高度	高度	高度	高度
咸丰县	指数	0.98	0.98	0.99	0.99	0.99	0.99
	等级	高度	高度	高度	高度	高度	高度

续表 6-6

县市	评价项	耦合度					
		2013年	2014年	2015年	2016年	2017年	2018年
鹤峰县	指数	0.83	0.85	0.81	0.96	0.98	0.95
	等级	高度	高度	高度	高度	高度	高度
宜都市	指数	0.20	0.17	0.20	0.22	0.19	0.20
	等级	低度	低度	低度	低度	低度	低度
长阳县	指数	0.96	0.96	0.97	0.97	0.95	0.97
	等级	高度	高度	高度	高度	高度	高度
五峰县	指数	0.72	0.69	0.75	0.84	0.82	0.82
	等级	磨合	磨合	磨合	高度	高度	高度

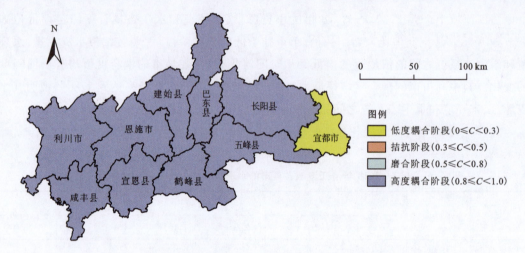

图 6-16 2016 年清江流域各县市的水资源承载力潜力耦合度 GIS 图

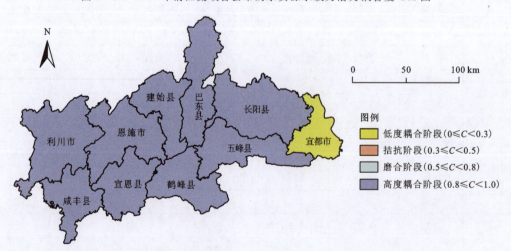

图 6-17 2017 年清江流域各县市的水资源承载力潜力耦合度 GIS 图

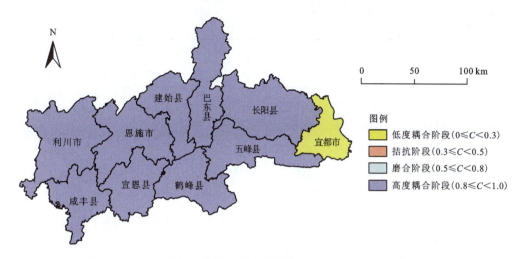

图 6-18　2018 年清江流域各县市的水资源承载力潜力耦合度 GIS 图

2. 耦合协调度评价

2013—2018 年清江流域各县市的水资源承载力潜力耦合协调度如表 6-7 所示。

2016—2018 年清江流域各县市的水资源承载力潜力耦合协调度 GIS 图如图 6-19~图 6-21 所示。

表 6-7　2013—2018 年清江流域各县市的水资源承载力潜力耦合协调度等级一览表

县市	评价项	耦合协调度					
		2013 年	2014 年	2015 年	2016 年	2017 年	2018 年
恩施市	指数	0.48	0.56	0.55	0.70	0.63	0.66
	等级	濒临	勉强	勉强	中级	初级	初级
利川市	指数	0.34	0.57	0.64	0.57	0.67	0.66
	等级	濒临	勉强	初级	勉强	初级	初级
建始县	指数	0.53	0.47	0.55	0.50	0.53	0.54
	等级	勉强	濒临	勉强	勉强	勉强	勉强
巴东县	指数	0.50	0.47	0.51	0.50	0.53	0.55
	等级	勉强	濒临	勉强	勉强	勉强	勉强
宣恩县	指数	0.49	0.46	0.47	0.45	0.45	0.49
	等级	濒临	濒临	濒临	濒临	濒临	濒临
咸丰县	指数	0.45	0.44	0.49	0.46	0.46	0.48
	等级	濒临	濒临	濒临	濒临	濒临	濒临

续表 6-7

县市	评价项	耦合协调度					
		2013 年	2014 年	2015 年	2016 年	2017 年	2018 年
鹤峰县	指数	0.39	0.36	0.41	0.37	0.42	0.43
	等级	濒临	濒临	濒临	濒临	濒临	濒临
宜都市	指数	0.32	0.32	0.32	0.32	0.32	0.32
	等级	濒临	濒临	濒临	濒临	濒临	濒临
长阳县	指数	0.79	0.76	0.73	0.75	0.74	0.76
	等级	中级	中级	中级	中级	中级	中级
五峰县	指数	0.53	0.55	0.55	0.51	0.54	0.55
	等级	勉强	勉强	勉强	勉强	勉强	勉强

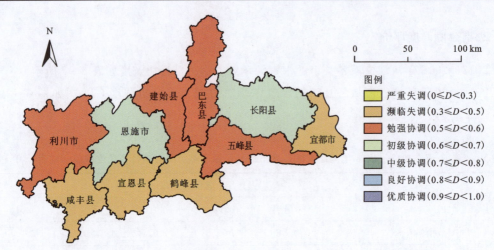

图 6-19 2016 年清江流域各县市的水资源承载力潜力耦合协调度 GIS 图

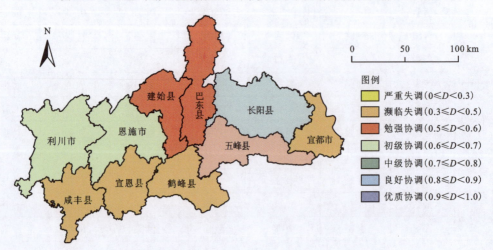

图 6-20 2017 年清江流域各县市的水资源承载力潜力耦合协调度 GIS 图

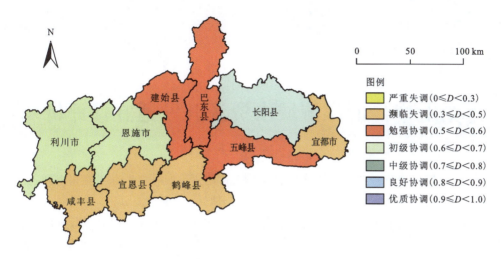

图 6-21　2018 年清江流域各县市的水资源承载力潜力耦合协调度 GIS 图

耦合协调度分析:长阳县始终处于中级协调状态,表明其水资源协调能力平稳。恩施市、利川市、建始县、巴东县基本处于勉强协调状态。其中,利川市耦合协调度的层级提升较为突出,由低度协调跃迁为高度协调,这是由于随着时间的推移,利川市的经济发展水平在不断提高,与水资源、水环境水平的差距逐渐缩小,进而导致三者耦合协调度有所提升;宣恩县、咸丰县、鹤峰县和宜都市的耦合协调度始终处于濒临失调状态,应加大调节力度,促进"三水"的协调发展。

第七章 清江流域水资源开发适宜性评价

开发适宜性评价是一个复合评价系统,其体现的生产、生活和生态功能在空间上呈现出极为复杂的关系。因此,为了强化水资源规划的合理性,实现功能分区,必须要着重关注工业发展、生态保护、农业生产以及城镇建设等问题。在构建评价指标体系时,要厘清不同功能分区的关系,并为功能分区提供相适应的评价准则,分析不同指标存在的层次特征,进而从功能分区与层次特征分析出发,掌握水资源空间生态保护、农业生产以及城镇建设的综合得分。清江流域水资源开发适宜性主要涉及生态保护、农业生产以及城镇建设,在综合评价清江流域水资源开发适宜性评价时,需要从这三个角度出发。本章在资源环境承载能力集成评价结果的基础上,分别判断清江流域各县市的水资源国土空间开发适宜程度,确定清江流域城镇建设、农业生产、生态保护的适宜用途区域。

第一节 清江流域国土空间单要素适宜性评价

一、地形因子

1. 海拔

清江流域大部分县市的地形地貌以山地为主,少数为丘陵和平原。通过查找相关资料可以得到清江流域各县市最低海拔、最高海拔和平均海拔数据如表7-1和图7-1所示。从表7-1和图7-1可以看出,宜都市的平均海拔最低(仅223m)且海拔差较小,地势较为平坦,地形地貌以丘陵和平原为主。五峰县、利川市、建始县、巴东县、宣恩县和鹤峰县6个县市的平均海拔超过1000m且海拔差较大,其中巴东县的海拔差高达2938m,地势陡峭,地形地貌主要为山地和丘陵。

恩施市境内为鄂西南山地,属云贵高原东延部分,境内多山间槽坝,岩溶地貌发育完全,溶洞天坑较多,呈小型高原地貌分布。利川市地处巫山流脉与武陵山北上余脉的交会部位,山地、峡谷、丘陵、山间盆地及河谷平川相互交错。建始县被清江一分为二,境内主要有断陷盆地、断裂地带和丹霞地貌。巴东县地形狭长,呈典型的岩溶地貌;地形以山地为主,高山(海拔1200m以上)的面积占比为37.09%,中山区(海拔800~1200m)的面积占比为

33.07%。宣恩县属云贵高原延伸部分,境内多台地、岗地、小型盆地、平坝、横状坡地和山谷、峡谷等地貌。咸丰县地形地貌复杂,呈南部高、中部低、东部向西部倾斜,地形以中高山和高山为主,面积占比为68%。鹤峰县境内地形西北高、东南低,多山间小盆地,境内有低山、中高山、高山三种地貌形态。宜都市处于鄂西山地和江汉平原过渡地带,是一个丘陵起伏的半山区;西南地势高峻,海拔在250~800m之间,面积占比约为40%;东部丘陵,海拔在50~250m之间,坡度较缓,形成平畈。长阳县清江及其支流的河谷地带地势较平坦,其余均为山地,海拔较高,其中低山面积占比为30.6%,半高山面积占比为46.1%,高山(海拔在500m以上)占比为23.3%。五峰县也属岩溶地貌,地势由西向东逐渐倾斜,山地的面积占比为86.3%,其中高山(海拔在1200m以上)的面积占比为44.8%。

表7-1　2020年清江流域各县市最低海拔、最高海拔和平均海拔

县市	最低海拔/m	最高海拔/m	平均海拔/m	海拔差/m
恩施市	262	2078	900	1816
利川市	315	2041	1100	1726
建始县	213	2090	1152	1877
巴东县	67	3005	1053	2938
宣恩县	356	2014	1067	1658
咸丰县	445	1911	800	1466
鹤峰县	195	2096	1147	1901
宜都市	38	1065	223	1027
长阳县	34	2259	410	2225
五峰县	150	2320	1100	2170

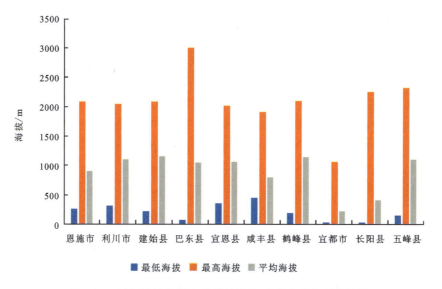

图7-1　清江流域各县市的最低海拔、最高海拔和平均海拔

2. 坡度

坡度(表7-2)是农业生产和城镇建设适宜性的重要影响因素和指标。清江流域各县市以较缓坡地和陡坡地为主,存在少部分缓坡地和极陡坡地。巴东县地表平均坡度28.6°,其中坡度在25°以上的面积占比为66%,因此巴东县的大部分区域属于陡坡地;鹤峰县地表平均坡度为24.1°,其中平坡地和较平坡地占5.7%,缓坡地占12.2%,较缓坡地占32.1%,陡坡地占34.6%,极陡坡地占15.4%,因此,鹤峰境内以较缓坡地和陡坡地为主(占66.7%)。利川市以较缓坡地和缓坡地为主,在中部地区存在少量平坡地。建始县和恩施市的地表坡度在6°~30°之间,较为平缓,以缓坡地和较缓坡地为主。咸丰县西北部的地表坡度较大,较为陡峭,中部和东部相对较为平坦。宣恩县、五峰县和长阳县以陡坡地为主,坡度在25°以上。宜都市则以缓坡地和较平坡地为主。

表7-2 不同坡地分类对应的坡度分级

坡地分类	坡度分级
平坡地	$<2°$
较平坡地	$[2°,5°)$
缓坡地	$[5°,15°)$
较缓坡地	$[15°,25°)$
陡坡地	$[25°,35°)$
极陡坡地	$\geq 35°$

综合考虑清江流域各县市的海拔、坡度和地形地貌因素:在坡度较大的山区应当优先发展生态产业,对坡度大于25°的耕地实行退耕还林还草,如建始县北部、咸丰县西北部、巴东县北部、鹤峰县、五峰县和长阳县等地;在坡度较缓的地区实行生态保护和农业生产协调发展,如咸丰县东部、宣恩县、巴东县南部等地;对坡度小于10°的地区实行生态保护、农业生产和城镇建设共同发展,如利川市、恩施市和宜都市。因此,利川市、恩施市和宜都市属于国土空间开发均适宜(生态保护、农业生产和城镇建设)类型;建始县、咸丰县、宣恩县和巴东县属于双适宜(生态保护和农业生产)类型,大规模的城镇建设并不适宜;鹤峰县、长阳县和五峰县属于单适宜(生态保护)类型,不太适合进行农业生产和城镇建设。

二、水域因子

1. 水资源总量

清江是长江一级支流,发源于湖北省恩施州利川市之齐岳山,流经利川、恩施、宣恩、建始、巴东、长阳、宜都等县市,在宜都陆城汇入长江。清江全长423km,是长江中游在湖北境内仅次于汉水的第二条支流。从水域因子的角度考虑，清江流域的开发保护区划应基于清江流域各县市的水资源量分布情况，清江流域的水资源总量可以用各县市的地表水资源量（表7-3和图7-2）和地下水资源量（表7-4和图7-3）加以衡量（表7-5）。

表7-3　2013—2019年清江流域各县市的地表水资源量

县市	地表水资源量/亿 m³						
	2013年	2014年	2015年	2016年	2017年	2018年	2019年
恩施市	28.113	31.225	34.823	42.182	44.253	30.086	19.210
利川市	30.956	34.382	38.345	45.402	49.705	38.642	27.980
建始县	19.057	21.166	23.606	29.043	29.578	14.733	10.450
巴东县	18.438	20.479	22.839	27.006	29.639	15.815	13.860
宣恩县	20.851	23.159	25.828	35.999	28.414	25.478	14.960
咸丰县	15.700	17.437	19.447	27.548	20.981	21.783	14.560
鹤峰县	25.327	28.130	31.372	42.222	35.922	29.834	16.070
宜都市	7.376	7.256	8.867	12.133	10.889	12.172	13.607
长阳县	22.192	21.830	26.676	34.986	34.137	37.953	42.163
五峰县	16.772	16.499	20.161	27.734	24.625	24.981	25.342

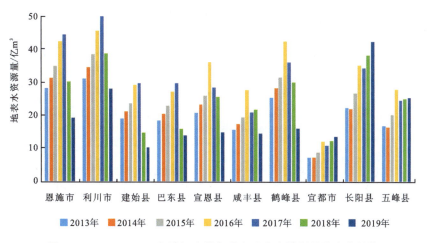

图7-2　2013—2019年清江流域各县市地表水资源量的变化趋势

由表7-3~表7-5可知，清江流域各县市的水资源总量分布不均，其中恩施市、利川市、鹤峰县和长阳县的水资源总量比其他县市丰富，而宜都市的水资源总量则相对较少。

由图7-2和图7-3可知清江流域各县市2013—2019年水资源总量的变化趋势。恩施市、利川市、建始县、巴东县、宣恩县的地表水资源量在2013—2016年呈上升趋势，在2017—2019年呈现下降趋势，而宜都市、长阳县和五峰县的地表水资源量一直稳步上升；恩施市、利川市、长阳县的地下水资源量呈下降趋势,宜都市和五峰县的地下水资源量呈上升趋势,而建始县、巴东县、宣恩县、咸丰县、鹤峰县的地下水资源量波动较大。

表 7-4 2013—2019 年清江流域各县市的地下水资源量

县市	地下水资源量/亿 m³						
	2013 年	2014 年	2015 年	2016 年	2017 年	2018 年	2019 年
恩施市	11.020	11.140	11.150	9.985	10.008	10.654	6.760
利川市	9.769	9.879	9.883	7.868	8.014	9.072	8.500
建始县	7.761	7.848	7.851	10.487	10.746	7.482	4.600
巴东县	10.380	10.490	10.500	7.519	7.407	9.916	7.430
宣恩县	7.293	7.375	7.378	4.637	4.559	7.164	5.270
咸丰县	4.493	4.543	4.545	7.500	7.006	4.496	3.930
鹤峰县	7.089	7.167	7.170	3.671	3.550	6.609	4.750
宜都市	2.743	3.294	3.223	9.714	9.726	9.738	9.751
长阳县	7.381	8.863	8.671	6.636	6.598	6.496	6.397
五峰县	5.025	6.034	5.904	6.636	6.598	7.922	9.513

表 7-5 2013—2019 年清江流域各县市的水资源总量

县市	水资源总量/亿 m³						
	2013 年	2014 年	2015 年	2016 年	2017 年	2018 年	2019 年
恩施市	39.133	42.365	45.973	52.167	54.261	40.740	25.970
利川市	40.725	44.261	48.228	53.270	57.719	47.714	36.480
建始县	26.818	29.014	31.457	39.530	40.324	22.215	15.050
巴东县	28.818	30.969	33.339	34.525	37.046	25.731	21.290
宣恩县	28.144	30.534	33.206	40.636	32.973	32.642	20.230
咸丰县	20.193	21.980	23.992	35.048	27.987	26.279	18.490
鹤峰县	32.416	35.297	38.542	45.893	39.472	36.443	20.820
宜都市	10.119	10.550	12.090	21.847	20.615	21.910	23.358
长阳县	29.573	30.693	35.347	41.622	40.735	44.449	48.560
五峰县	21.797	22.533	26.065	34.370	31.223	32.903	34.855

由此得出如下结论:在清江流域各县市中,恩施市、利川市和鹤峰县的水资源总量大,但是近些年的水资源总量呈现下降趋势;长阳县的水资源总量较小,且近些年水资源总量呈上升趋势;建始县、巴东县、宣恩县、咸丰县的水资源总量较小,且近些年呈下降趋势;宜都市和五峰县的水资源总量小,但是近些年的水资源总量呈上升趋势。

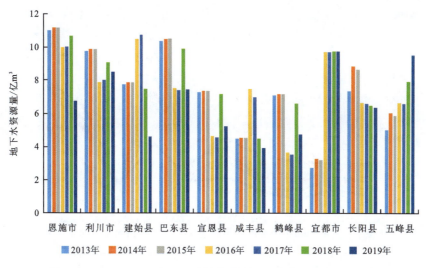

图 7-3 2013—2019 年清江流域各县市地下水资源量的变化趋势

2. 人均地表水资源量

从水域因子的角度考虑，只简单地考查清江流域各县市的水资源总量是不够的，还应结合人口因素考查人均地表水资源量（表 7-6 和图 7-4）。从图 7-4 可以清楚地看出，在清江流域的各县市中，鹤峰县、长阳县和五峰县的人均地表水资源量位于前列，宣恩县和咸丰县的人均地表水资源量较高，恩施市、利川市、建始县和巴东县的人均地表水资源量较低，宜都市的人均地表水资源量最低。

表 7-6　2013—2019 年清江流域各县市的人均地表水资源量

县市	人均地表水资源量/(m³·人⁻¹)						
	2013 年	2014 年	2015 年	2016 年	2017 年	2018 年	2019 年
恩施市	3043	3804	4323	5217	5487	3718	2363
利川市	3351	3749	4185	4933	5440	4214	3045
建始县	3708	4108	4594	5644	5778	2883	2051
巴东县	3705	4107	4605	5481	6049	3241	2852
宣恩县	5763	6368	7166	9969	7937	7115	4183
咸丰县	4040	4445	5042	7113	5464	5649	3778
鹤峰县	11 332	12 586	14 208	18 959	16 569	13 736	7433
宜都市	1859	1865	2274	3106	2785	3121	3543
长阳县	5518	5655	5218	8971	8794	9782	11 037
五峰县	8950	8790	10 713	14 574	12 799	12 943	13 338

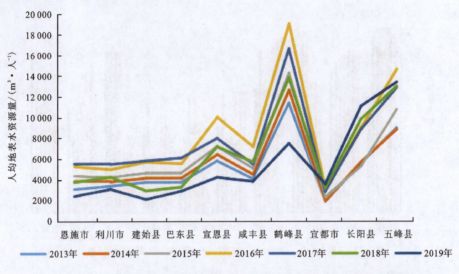

图 7-4　2013—2019 年清江流域各县市人均地表水资源量的变化趋势

综上所述,结合清江流域各县市水资源总量和人均地表水资源量的分析,基于水域因子的角度,可以对清江流域各县市的水资源限制性进行区域划分:将鹤峰县和长阳县划为水资源限制性低的地区,将宣恩县、咸丰县和五峰县划为水资源限制性较低的地区,将恩施市、利川市、建始县、巴东县划为水资源限制性较高的地区,将宜都市划为水资源限制性高的地区;在水资源限制性低和水资源限制性较低的地区适宜发展农业和建设生态保护区,在水资源限制性较高和水资源限制性高的地区适宜推进城镇现代化,发展高新技术产业和现代服务业等;同时基于清江流域各县市水资源分布不均匀的结论,应当大力地发展水利工程,实现水资源的合理调配,从而减少水资源量对国土开发适宜性的限制。

三、植被因子

1. 植被覆盖率

植被覆盖率通常指森林面积占土地总面积的比重。

2013—2019 年清江流域各县市的森林覆盖率如表 7-7 和图 7-5 所示。

从图 7-5 可以看出,2013—2019 年期间,五峰县和长阳县的森林覆盖率始终保持较高水平,且保持稳定增长;宜都市 2016 年森林覆盖率下降,后期始终保持小幅度增长;2015 年,大部分县市的森林覆盖率都有大幅度的增长,其中巴东县、宣恩县、咸丰县以及鹤峰县的增幅尤为突出,巴东县的森林覆盖率从 2014 年的 55.15% 增长到 2015 年的 71.59%,是增长得最快的县市;到 2018 年时,所有县市整体呈增长状态,其中建始县、巴东县、宣恩县和鹤峰县出现大幅增长,尤其是巴东县,从 2017 年的 61.08% 增长到 2018 年的 77.35%,超过清江流域其他县市的增幅。从 2013 年到 2019 年,除宜都市外,清江流域其他九个县市的森林覆盖率整体都略微上涨,但没有太大变化。从清江流域整体上看,森林逐渐恢复,生态环境得到改善,水旱灾害也逐渐减少,森林涵养水资源能力也慢慢变强,人民生活环境得到改善。

表7-7　2013—2019年清江流域各县市的森林覆盖率

县市	森林覆盖率/%						
	2013年	2014年	2015年	2016年	2017年	2018年	2019年
恩施市	62.42	62.42	66.90	64.13	64.34	68.08	65.53
利川市	58.90	59.10	65.16	62.14	62.74	65.28	63.85
建始县	60.23	62.23	70.61	66.32	66.53	81.70	66.99
巴东县	54.45	55.15	71.59	60.74	61.08	77.35	62.43
宣恩县	54.00	57.30	71.99	62.03	62.44	73.45	63.83
咸丰县	64.66	64.92	74.71	56.40	66.21	74.30	68.65
鹤峰县	70.01	70.01	84.50	72.22	72.62	85.38	73.43
宜都市	61.40	64.53	64.65	59.18	59.32	59.45	59.69
长阳县	70.89	71.27	71.79	72.67	72.98	73.60	73.80
五峰县	77.78	78.21	78.56	79.34	79.22	81.00	81.30

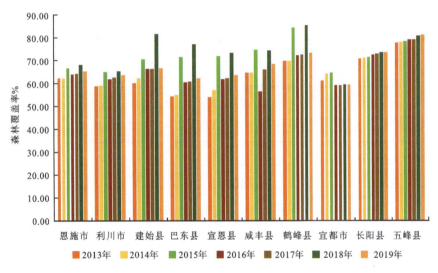

图7-5　2013—2019年清江流域各县市森林覆盖率的变化趋势

2. 造林面积

造林面积指报告期内在荒山、荒地沙丘等一切可以造林的土地上，采用人工播种、植苗、飞机播种等方法种植成片乔木林和灌木林的面积，通过植树造林加强清江流域的植被覆盖率。

2013—2019年清江流域各县市的造林面积及总面积分别如表7-8、表7-9所示。

由表7-8、表7-9得到的清江流域各县市的造林覆盖率如表7-10和图7-6所示。

表 7-8 2013—2019 年清江流域各县市的造林面积

县市	造林面积/hm²						
	2013 年	2014 年	2015 年	2016 年	2017 年	2018 年	2019 年
恩施市	3829	4873	2394	5990	3980	1938	329
利川市	3758	5301	9218	6713	10403	2280	1764
建始县	6862	5526	7680	7884	9283	3954	674
巴东县	4793	3212	4000	7381	6060	3056	629
宣恩县	5456	4618	4298	3430	1560	3111	500
咸丰县	4230	3534	5255	5480	1004	193	139
鹤峰县	5110	4179	4037	3958	2758	2698	311
宜都市	2088	1490	2388	3268	3685	3705	3799
长阳县	5347	1085	1173	942	677	433	533
五峰县	3536	3062	2214	1826	1140	248	269

表 7-9 2013—2019 年清江流域各县市的总面积

县市	恩施市	利川市	建始县	巴东县	宣恩县	咸丰县	鹤峰县	宜都市	长阳县	五峰县
总面积/km²	3967	4606	2665	3352	2736	2523	2868	1357	3424	2372

表 7-10 2013—2019 年清江流域各县市的造林覆盖率

县市	造林覆盖率/%						
	2013 年	2014 年	2015 年	2016 年	2017 年	2018 年	2019 年
恩施市	0.97	1.23	0.60	1.51	1.00	0.49	0.08
利川市	0.82	1.15	2.00	1.46	2.26	0.50	0.38
建始县	2.57	2.07	2.88	2.96	3.48	1.48	0.25
巴东县	1.43	0.96	1.19	2.20	1.81	0.91	0.19
宣恩县	1.99	1.69	1.57	1.25	0.57	1.14	0.18
咸丰县	1.68	1.40	2.08	2.17	0.40	0.08	0.06
鹤峰县	1.78	1.46	1.41	1.38	0.96	0.94	0.11
宜都市	1.54	1.10	1.76	2.41	2.72	2.73	2.80
长阳县	1.56	0.32	0.34	0.28	0.20	0.13	0.16
五峰县	1.49	1.29	0.93	0.77	0.48	0.10	0.11

从表 7-10 和图 7-6 可以看出：2013—2019 年期间，建始县的造林覆盖率始终保持较高水平，其中建始县的造林覆盖率在 2017 年以前都持续上涨且高于其他九个县市，而在

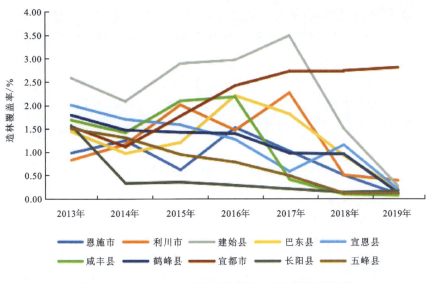

图 7-6 2013—2019 年清江流域各县市的造林覆盖率

2018年开始急剧下降;五峰县的造林覆盖率在 2013—2018 年期间一直都处于下降状态;宜都市在 2014—2019 年期间的造林覆盖率一直呈现上升状态;除恩施市和利川市之外,其他县市在 2014 年的造林覆盖率都呈下降趋势,尤其是长阳县从 2013 年的 1.56% 直接下降到 2014 年的 0.16%;而咸丰县下降颇多,从 2016 年的 2.17% 下降到 2019 年的 0.06%;从整体上看,除宜都市之外,其他九个县市的造林覆盖率都有下降。虽然造林覆盖率下降,但清江流域的森林覆盖率整体还是呈上升状态,这说明清江流域范围内的植被的生长态势较好,森林资源开始逐渐恢复,不需要极大依靠植树造林来恢复植被。

清江流域通过水资源管理、水源岸线保护、水污染防治、水环境治理、水生态修复等重点工作逐渐恢复生态功能,可以利用自然优势和生态人文优势,大力发展生态文化旅游业,适宜打造高质量县域绿色经济体,逐步走上"产业生态化、生态产业化"的发展之路。

四、人口因子

1. 总人口

由表 7-11 可知,各县市的人口波动并不显著。考虑到研究期间并无行政区划的变动,可以得出研究地区的人口密度并无明显变化的结论。由此可知,在研究的时间内,由于人口变化导致的清江流域水资源承载力变化并不会十分明显,即在研究期间内,人口因子并不会对研究目标造成显著的影响。

但如果将研究的时间跨度拉长,可作出以下预测。考虑到经济发展和国家发展战略,长期的人口影响可能会由以下两个因素决定。一方面,经济发展带来生活水平、受教育水平、人口素质和生活方式等因素的变化,在其他条件不变的情况下,人口综合素质的上升会带来正向的影响,即提高清江流域水资源承载力。另一方面,由于国家发展战略为防止中心城市的人口密度过大和提高国家的发展上限,《推动形成优势互补高质量发展的区域经济布局》强调要发展一批中小型城市。这样的国家战略大概率会带来农村人口向中小城市聚集和大城市人口一定的回流,这样,未来研究地区的人口可能出现上升趋势,特别是相对较为发达的地区,人口的上升会更为明显,这样会造成流域总的人口密度上升,会造成清江流域水资源承载力的下降。

表 7-11 2014—2019 年清江流域各县市的总人口

县市	总人口/万人						
	2013 年	2014 年	2015 年	2016 年	2017 年	2018 年	2019 年
恩施市	81.43	82.09	80.55	80.85	80.65	80.92	81.3
利川市	92.38	91.71	91.63	92.03	91.37	91.71	91.88
建始县	51.4	51.52	51.38	51.46	51.19	51.11	50.96
巴东县	49.77	49.86	49.6	49.27	49	48.8	48.6
宣恩县	36.18	36.37	36.04	36.11	35.8	35.81	35.76
咸丰县	38.86	39.23	38.57	38.73	38.4	38.56	38.54
鹤峰县	22.35	22.35	22.08	22.27	21.68	21.72	21.62
宜都市	39.68	38.9	39	39.07	39.1	39	38.41
长阳县	40.22	38.6	38.64	39	38.82	38.8	38.2
五峰县	18.74	18.77	18.82	19.03	19.24	19.3	19

综上所述,在短期内,人口因子并不对研究结果造成显著影响,但在长期内,研究结果可能会受到人口因子的两个不同趋势的影响,即人口素质的上升会提高承载力,而人口的密度上升会造成承载能力的下降,进而导致长期内的影响呈现出不定的趋势。但从发展趋势的大方向和发达国家的先例证明来看,就长期而言人口对水资源承载力造成的影响总是正向的,特别在国家处于上升阶段时,即人口的素质提升的正向影响总是能高于人口上升造成的负面影响,所以从总的对未来趋势的判断来说,人口因子会对水资源承载力造成正面影响,即提高水资源承载力。

从行业发展的角度上,清江流域没有超过百万人口的大城市,缺乏聚集效应,而聚焦效应可以带来成本的降低,所以并不适合发展工业。同时,由于各地区都进行了一定程度的城市化,完全依靠农业也并不可能,也不符合未来的发展方向,可以在适合的地区发展农业,并尽快实现农业的现代化。依据清江流域的地理位置、国家发展战略和发达国家的已有经验,该流域宜发展以服务业为主的第三产业,由于第三产业的附加值高,能快速带动经济发展,且第三产业相对于前两个产业的污染较低,能够满足清江流域的环保要求。因此,基于人口分析,该地区应重点发展第三产业,辅以一定的第一产业,放弃污染较重的第二产业。

五、未来城市建成区因子

1. 城市化率

从图 7-7 可以看出,2013—2019 年期间,恩施市和宜都市的城市化率始终保持较高水平,远超过了清江流域的其他八个县市。恩施市的城市化率一直在缓慢上涨,从 2013 年的 48.08% 上涨至 2019 年的 57%。利川市、始建县、咸丰县、巴东县、宣恩县、鹤峰县的城市化率也处于持续上涨的阶段,变化趋势和涨幅与恩施市的类似。宜都市的城市化率基本维持在 55% 以上的水平,长阳市和五峰县城市化率基本维持在 35%～40% 的水平,且在 2015 年和 2016 年均出现了拐点,但总体上仍呈波动性上升的趋势。从城镇化的角度来看,清江流域的发展趋势良好,近几年的城市人口增速较大,大幅提高了该地区的城市化率。

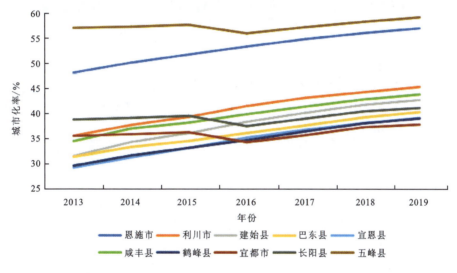

图 7-7 2013—2019 年清江流域各县市的城市化率

2. 人均国内生产总值

2013—2019 年清江流域各县市的人均国内生产总值如表 7-12 所示。

从表 7-12 可以看出,2013—2019 年期间,宜都市的人均国内生产总值始终保持在较高水平,且涨幅较大,远超清江流域的其他九个县市,同时清江流域十个县市的人均国内生产总值均呈现出相同的变化趋势。宜都市人均国内生产总值一直在大幅上涨,从 2013 年的 101 518 万元增加到 2019 年的 175 787 万元,增长率为 73.16%。恩施市、利川市、始建县、咸丰县、巴东县、宣恩县、鹤峰县、长阳市以及五峰县人均国内生产总值也处于持续上涨的阶段,变化趋势与宜都市类似,但增长幅度远小于宜都市,2019 年这些县市的人均国内生产总值分别为 48 516 万元、30 426 万元、28 472 万元、29 539 万元、25 649 万元、30 976 万元、

32 706万元、41 300 万元以及 41 716 万元,远赶不上宜都市的经济发展状况。从人均国内生产总值的角度来看,与同类型地区相比,清江流域的发展处于较缓慢的状态,其主要原因是清江流域在推动经济发展的同时注重生态环境保护。

表 7-12 2013—2019 年清江流域各县市的人均国内生产总值

地区	人均国内生产总值/万元						
	2013 年	2014 年	2015 年	2016 年	2017 年	2018 年	2019 年
恩施市	24 815	28 526	32 358	35 122	39 111	45 036	48 516
利川市	15 824	18 165	20 751	22 512	25 212	28 909	30 426
建始县	16 191	18 100	19 993	21 960	24 429	26 502	28 472
巴东县	17 465	19 192	20 905	22 526	24 663	26 253	29 539
宣恩县	15 081	16 824	18 769	20 586	22 776	24 929	25 649
咸丰县	17 601	19 526	21 629	23 831	26 560	28 345	30 976
鹤峰县	17 187	19 252	21 766	23 597	26 878	28 712	32 706
长阳市	24 990	27 298	30 199	33 057	34 501	36 689	41 300
五峰县	24 629	27 020	30 052	31 583	33 007	35 947	41 716
宜都市	101 518	114 648	127 773	140 480	147 570	156 256	175 787

3. 第三产业占比

2013—2019 年清江流域各县市的第三产业占比如图 7-8 所示。

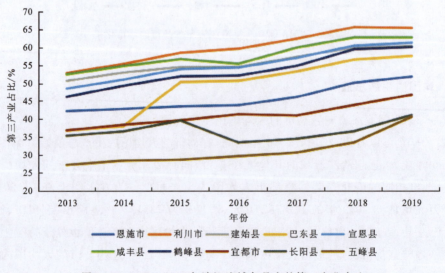

图 7-8 2013—2019 年清江流域各县市的第三产业占比

从图7-8可以看出，2013—2019年期间，恩施州七个县市的第三产业占比均高于宜昌市的三个县市，清江流域的第三产业占比均呈现出缓慢增长的变化趋势，增长速率略有不同。同时恩施市和宜都市的第三产业占比相对其他几个地区而言，数值相对较低。其中巴东县第三产业占比增长幅度是最大的，从2013年的36.8%上涨至2019年的57.5%，整个时间段内增长率为56.25%。恩施市、长阳市、利川市、始建县、咸丰县、宜都市、宣恩县以及鹤峰县第三产业占比也处于持续上涨的阶段，2019年这些地区的第三产业占比分别为51.7%、46.7%、65.3%、60.3%、62.5%、40.5%、61.1%以及59.9%。五峰县第三产业占比基本维持在30%~40%的水平，且在2015年和2016年均出现了拐点，最终2019年增长到41%，总体上仍呈波动性上升的趋势。从第三产业占比的角度来看，清江流域的发展趋势良好，经济发展较弱的几个地区也在大力推动第三产业的发展，大幅提高了该地区未来的城市发展水平。

六、交通因子

1. 公路里程数

2013—2019年清江流域各县市的公路里程年末到达数如表7-13和图7-9所示，数据来源为宜都市、长阳县和五峰县2013—2019年的国民经济和社会发展统计公报以及恩施州2013—2019年的统计年鉴。由于长阳县2013年和2018年以及五峰县2014年的数据存在缺失情况，这里使用线性拟合的方法对缺失数据进行补充。

从图7-9可以看出，清江流域各个县市的公路里程年末到达数均处于不断上升的趋势，且大部分县市在2018—2019时存在较大幅度的上升。在清江流域的所有县市中，利川市和长阳县的公路里程年末到达数一直保持在较高的水平，2013—2019年的增长幅度分别为39.95%和30.61%，处于清江流域各县市的下游水平。宜都市公路里程年末到达数的增长幅度最小，在2013—2019年内基本保持稳定，总增长率为11.50%，为所有县市中的最低水平。五峰县的公路里程年末到达数在2016—2017年时出现了极大幅度的增长，从原先的下游水平一跃成为清江流域各县市中的第一名，但在此之后增长幅度大幅减缓。恩施市、建始县和宣恩县在2013—2019年的公路里程的增长幅度也处于较高水平。

从公路里程年末到达数值可以看出清江流域各县市的交通发展状况各不相同，但是大体上处于不断提升的态势，说明清江流域地区的陆路交通运输水平在不断提高，对清江流域水路运输的压力具有一定的减缓作用，因此对清江流域生态环境的保护存在一定的积极作用。巴东县、恩施市、利川市、长阳县和五峰县的公路里程数相对较高，因此适合进行第三产业的开发；宣恩县、咸丰县和鹤峰县的公路里程数较低，不具备发展第三产业的条件，因此更适合开发第一产业和第二产业；建始县和宜都市的公路里程数在清江流域的各县市中处于中游水平，产业发展的方向具有多样性，没有明显适合的产业发展方向。

表 7-13 2013—2019 年清江流域各县市的公路里程年末到达数

县市	公路里程年末到达数/km						
	2013 年	2014 年	2015 年	2016 年	2017 年	2018 年	2019 年
恩施市	2 295.75	2 311.50	2 571.66	2 735.61	3 236.79	3 376.38	4 360.06
利川市	3 865.51	3 865.51	3 901.27	4 250.79	4 657.84	4 862.17	5 409.75
建始县	2 268.24	2 275.52	2 316.23	2 505.82	2 778.88	2 918.19	3 709.61
巴东县	3 455.89	3 455.89	3 501.95	3 739.96	4 000.43	4 165.65	4 652.99
宣恩县	1 855.01	1 855.01	1 880.49	2 020.20	2 096.28	2 408.75	2 811.70
咸丰县	1 861.50	1 861.50	1 920.79	2 016.55	2 156.78	2 208.10	2 780.44
鹤峰县	2 030.16	2 041.32	2 094.56	2 200.98	2 390.59	2 669.98	2 803.93
宜都市	3 151.59	3 207.61	3 299.52	3 329.62	3 404.19	3 433.61	3 514.04
长阳县	3 941.65	4 160.00	4 383.00	4 462.00	4 702.00	4 911.90	5 148.00
五峰县	2 241.00	2 362.06	2 477.00	2 554.00	5 600.00	5 740.00	5 862.00

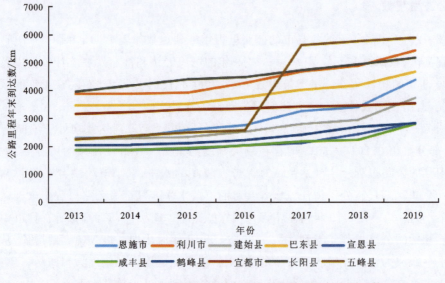

图 7-9 2013—2019 年清江流域各县市的公路里程年末到达数

第二节 清江流域国土空间多指标适宜性评价

一、清江流域国土空间适宜性评价体系

就清江流域的功能性而言,清江流域的"三生"空间可概括为:从生态空间的角度来看,它主要体现为生态服务功能;从生产空间的角度来看,它主要体现为农产品生产功能、工业产品

生产功能、服务业产品生产功能等方面;从生活空间的角度来看,它主要体现为居住保障功能。生态服务功能主要体现在国土空间的生态调节功能方面,农产品生产功能包括农产品供给功能及农产品产出功能,工业生产功能包括工业产品供给功能及工业产品产出功能,服务业产品生产功能包括服务产品产出功能;居住保障功能包括城市居住功能和农村居住功能。清江流域国土空间优化需达到"三生"空间的有机融合,实现可持续发展,推进生态文明建设。

因此,结合上述思路,参考已有评价指标体系,结合评价体系构建原则,笔者构建清江流域国土空间开发适宜性评价指标体系如表 7 - 14 所示:选取植被覆盖率、造林面积构建生态空间适宜性评价指标,选取地表水资源量、地下水资源量、人均粮食产量、人均耕地面积以及第一产业占比构建生产空间适宜性评价指标体系。选取总人口、城镇化率、人均 GDP、第三产业占比以及公路里程数构建生活空间适宜性评价指标。

表 7 - 14 清江流域国土空间开发适宜性评价指标体系

目标层	准则层	基础指标	单位	属性	权重/%
清江流域国土空间开发适宜性	生态保护（生态空间）	植被覆盖率	%	正向	50
		造林面积	hm²	正向	50
	农业生产（生产空间）	地表水资源量	亿 m³	正向	20
		地下水资源量	亿 m³	正向	20
		人均粮食产量	t/人	正向	20
		人均耕地面积	hm²/人	正向	20
		第一产业占比	%	正向	20
	城镇建设（生活空间）	总人口	万人	正向	20
		城镇化率	%	正向	20
		人均 GDP	万元	正向	20
		第三产业占比	%	正向	20
		公路里程数	km	正向	20

二、清江流域国土空间适宜性评价模型

1. 模型构建

采取多层次综合评价的方法对清江流域的国土空间开发适宜性程度进行评价,设 $X = \{X_1, X_2, X_3\}$,X_1、X_2、X_3 表示国土空间评价总目标的生态空间目标、生产空间目标、生活空间目标;设 $X = \{X_{i1}, \cdots, X_{ij}, \cdots, X_{in}\}$,其中 j 表示准则层内的指标个数,$j = 1, 2, \cdots, n$(在生态空间准则层内,$j = 2$;在生产空间准则层内,$j = 5$;在生活空间准则层内,$j = 5$),该准则层内各指标对应的权重为 $Y = \{Y_{i1}, \cdots, Y_{ij}, \cdots, Y_{in}\}$,$j = 1, 2, \cdots, n$,且 $Y_{i1} + \cdots + Y_{ij} + \cdots + Y_{in} = 1$。

多层次综合评价的主要步骤为：

(1)归一化处理指标层内的每个指标,然后将最终得到的评价值设为 x_{ij}；

(2)通过具体指标加权 $(X_{i1} \times Y_{i1} + \cdots + X_{ij} \times Y_{ij} + \cdots + X_{in} \times Y_{in})(j=1,2,\cdots,n)$ 的方式得到最终的准则层评价值。

国土空间开发适宜性评价指标在时间轴上多具有相对稳定性,多用均方差决策权法、层次分析法等客观评价方法确定权重。这里运用均值法确定清江流域国土空间开发适宜性评价指标体系的各项指标权重。

2. 归一化处理

需要指出的是,12个指标既包含比率指标和人均指标,也包含总量指标。针对此,对所有县市 j 各项指标 i 的原始数值均进行标准化处理,以消除指标方向和性质不同所带来的不利影响。具体地,本研究采用 $Z-score$ 标准化法。

针对国土空间开发适宜性评价指标的归一化处理并未选用常用的极大极小值法,其主要原因在于各项指标在纵向时间轴上的变化幅度很小,有的甚至在相邻几年保持不变,若选用极大极小值法进行归一化处理,将会使较多数据同时出现0。同时,由于与清江流域国土空间开发适宜性评价有关的各项指标是动态变化的,因而其建立的参考体系能满足清江流域国土空间开发适宜性评价的需要。

三、清江流域国土空间适宜性评价结果

其评价结果如表7-15和图7-10~图7-19所示。

表7-15 清江流域各县市国土空间开发适宜类型

县市	生态保护	农业生产	城镇发展	国土空间开发适宜类型
恩施市	适宜	适宜	—	双适宜
利川市	适宜	—	适宜	双适宜
建始县	适宜	—	适宜	双适宜
巴东县	—	—	适宜	单适宜
宣恩县	—	—	—	均不适宜
咸丰县	适宜	—	适宜	双适宜
鹤峰县	—	—	—	均不适宜
宜都市	—	—	—	均不适宜
长阳县	适宜	—	适宜	双适宜
五峰县	适宜	适宜	适宜	均适宜

1. 恩施市

从图7-10可以看出，恩施市更适宜进行生态发展和农业发展，即恩施市的国土空间开发适宜性评价为生态和农业双适宜类型。农业生产的适宜性是逐年提升的，在2013—2019年期间持续缓慢地增长，对恩施市国土空间开发适宜性的影响越来越大。生态保护的适宜程度呈现波动性变化，总体来看呈上升趋势，大部分年份的数值都接近0，未来还需要在农业发展上下功夫。城镇建设的适宜程度在2013—2015年期间缓慢上升，但从2015年之后开始逐步降低，且降低速度较快，甚至出现负值，也就是说之后的发展较差。目前来说，恩施市的城镇建设适宜性得分是降低的，未来应该考虑建设环境友好型社会，增强生态文明建设力度，推动农业和生态的发展，实现资源合理配置，努力实现人与自然和谐发展的美好愿景。

准则层	空间得分						
	2013年	2014年	2015年	2016年	2017年	2018年	2019年
生态保护	-0.71	-0.54	0.53	0.19	-0.06	0.84	-0.24
农业生产	0.12	0.21	0.32	0.42	0.61	0.78	1.04
城镇建设	0.20	0.37	0.61	0.17	-0.22	-0.83	-1.38

图7-10 恩施市国土空间开发适宜性评价的结果

2. 利川市

如图7-11所示：从生态保护来看，2013年和2014年利川市的生态保护空间得分小于0，但在2015年突破0且达到1.04，成为近几年的最高得分，这与利川市2015年植被覆盖率和造林面积的大幅增长直接相关，2016—2019年利川市的生态保护空间得分保持在0.01~0.51之间。因此，从整体来看，利川市适宜发展生态产业。从农业生产来看，2013—2015年利川市农业生产空间得分有小幅上升，但2015年之后，得分持续下降且得分多小于0，2019年为-0.97。因此，利川市不适宜发展农业。从城镇建设来看，2013—2019年，其空间得分均大于0且呈持续上升趋势，在2018年突破1达到1.07且在2019年达到1.20。这表明利川市适宜城镇建设且发展潜力较大。综上所述，利川市适宜发展生态产业和进行城镇建设，不适宜发展农业，其国土空间开发适宜性评价为生态保护和城镇建设双适宜类型。

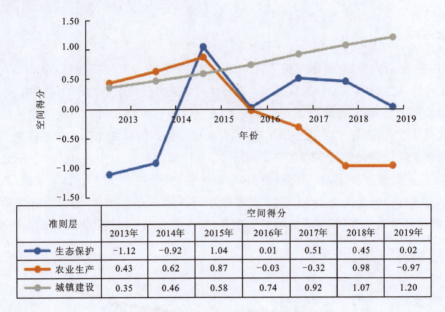

准则层	空间得分						
	2013年	2014年	2015年	2016年	2017年	2018年	2019年
生态保护	-1.12	-0.92	1.04	0.01	0.51	0.45	0.02
农业生产	0.43	0.62	0.87	-0.03	-0.32	0.98	-0.97
城镇建设	0.35	0.46	0.58	0.74	0.92	1.07	1.20

图 7-11 利川市国土空间开发适宜性评价的结果

3. 建始县

如图 7-12 所示:从生态保护来看,建始县 2015—2018 年的生态保护空间得分均大于 0,其他年份的得分均小于 0,且近几年的生态保护空间得分波动较大,其中 2014—2015 年急剧上升,2018—2019 年却从 1.18 急剧降到 -0.63,这表明建始县生态产业发展并不稳定,需要合理规划,但整体来看属于适宜开发的类型;从农业生产来看,在 2015 年之前,建始县农业生产空间得分呈上升趋势,但 2015 年之后持续下降,最终 2019 年下降到 -1.14,因此建始县并不适宜发展农业;从城镇建设来看,自 2013 年以来,建始县城镇建设空间得分稳步上升,在 2017 年得分开始大于 0 并持续上升,因此建始县适宜进行城镇建设。综上所述,建始县的国土空间开发适宜性评价为生态保护和城镇建设双适宜类型。

4. 巴东县

从图 7-13 可以看出:巴东县城镇建设的空间得分一直在稳步上升,从 2013 年的 -0.51 稳步上升到 2019 年的 0.39,说明巴东县的城镇化进程在不断地加快,这和 2020 年 4 月巴东县获政府批准退出贫困县序列的事实相符合;但是农业生产的空间得分从 2015 年开始不断下降,从 2017 年开始农业空间得分变为负值;除此之外,生态保护的空间得分波动很大,2018 年最高,但 2019 年骤然下降变为负值,这均说明巴东县城镇化进程加快的同时没有兼顾好生态环境的建设与农业的发展。所以,巴东县应当在加快城镇化建设的同时兼顾农业发展与生态环境建设,利用良好的生态环境和农业基础带动经济的发展,推动城镇化进程,在三者之间找到平衡点,实现资源的合理配置。综上所述,巴东县的城镇化进程不断加快,农业发展水平呈下降趋势,生态空间得分波动较大,因此巴东县的国土空间开发适宜性评价为城镇建设单适宜类型。

图 7-13 建始县国土空间开发适宜性评价的结果

准则层	空间得分					
	2013年	2014年	2015年	2016年	2017年	2018年	2019年
生态保护	-0.67	-0.60	0.46	0.05	0.21	1.18	-0.63
农业生产	0.09	0.25	0.48	0.21	-0.45	-0.50	-1.14
城镇建设	-0.45	-0.32	-0.23	-0.13	0.03	0.16	0.35

图 7-12 建始县国土空间开发适宜性评价的结果

准则层	空间得分					
	2013年	2014年	2015年	2016年	2017年	2018年	2019年
生态保护	-0.65	-0.81	0.67	0.23	0.08	1.02	-0.55
农业生产	0.43	0.48	0.84	0.00	-0.12	-0.77	-0.68
城镇建设	-0.51	-0.43	-0.14	-0.05	0.10	0.24	0.39

图 7-13 巴东县国土空间开发适宜性评价的结果

5. 宣恩县

由图 7-14 可知,该县的三个指标在 2019 年都为负值,表明该县对生态保护、农业生产和城镇建设均表现为不适宜,属于均不适宜类型。其农业生产空间得分呈现下降的趋势,城镇建设空间得分呈现上升的趋势,可以预测未来该县市应该会变成一个适合发展城镇建设的地区,生态保护空间得分呈现出很强的波动趋势,无法准确预测未来的变化趋势,所以从趋势上无法判断该县市未来是否适合发展生态。从政策层面分析,宣恩县是以旅游为发展导向的城市,为了发展旅游业该县市在未来会更加注重生态保护。

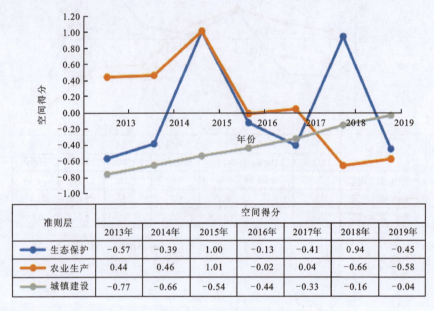

准则层	空间得分						
	2013年	2014年	2015年	2016年	2017年	2018年	2019年
生态保护	-0.57	-0.39	1.00	-0.13	-0.41	0.94	-0.45
农业生产	0.44	0.46	1.01	-0.02	0.04	-0.66	-0.58
城镇建设	-0.77	-0.66	-0.54	-0.44	-0.33	-0.16	-0.04

图 7-14　宣恩县国土空间开发适宜性评价的结果

6. 咸丰县

从图 7-15 可以看出,咸丰县的生态保护空间得分和农业生产空间得分波动均较大。2013—2016 年,咸丰县的农业生产空间得分大幅上升,2011 年之后,大幅下降。2013—2015 年,其生态保护空间得分大幅上升,之后呈下降趋势;与此同时,咸丰县的城镇建设空间得分一直在稳定上升。这说明咸丰县的城镇化进程不断加快,但是农业发展和生态环境建设在 2016 年至 2019 年没有得到重视。相关政府部门应当深入践行"绿水青山就是金山银山"理念,加强咸丰县生态文明的建设,兼顾农业发展、生态环境建设和城镇建设。2020 年 8 月,咸丰县入选农业农村部"互联网+"农产品出村进城工程试点县名单,商品经济的发展一定会带动农业的发展,体现了政府对农业发展的重视有所提高。综上所述,咸丰县的国土空间开发适宜性评价为农业生产和城镇建设双适宜类型。

7. 鹤峰县

从图 7-16 可以看出,鹤峰县的各指标趋势与宣恩县的大致是类似的,即农业生产空间得分总体呈现下降趋势,城镇建设空间得分总体呈现上升趋势,生态保护空间得分呈现震荡波动的趋势,也同为以旅游为发展导向的城市,且三个指标在 2019 年都为负值。因此,与宣恩县类似,鹤峰县对生态保护、农业生产和城镇建设均表现为不适宜,属于均不适宜类型。

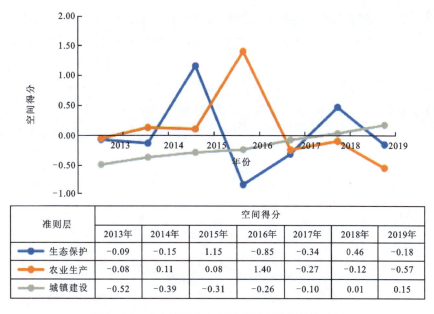

图 7-15 咸丰县国土空间开发适宜性评价的结果

图 7-16 鹤峰县国土空间开发适宜性评价的结果

8. 宜都市

从图 7-17 可以看出，宜都市表现出逐渐适应生态保护、农业生产和城镇建设方面的发展，但总体适宜性呈下降趋势，即宜都市的国土空间开发适宜性评价为均不适宜类型。生态保护的适宜程度呈现波动性变化，总体呈下降趋势，大部分年份的数值为负，表明宜都市生态发展较差，未来需要进一步强调绿色生态发展。农业的适宜程度呈现先上升后降低的趋势,在 2013—2017 年间表现为波动增长,2017 年之后降低的幅度较大,总体来看对宜都市国土空间开发的影响越来越小,可能是因为该地区相对来说农田较少,更注重其他产业的发展。城镇建设的适宜程度在 2013—2019 年间呈现缓慢上升的趋势,但总体上仍表现较差。目前来说宜都市的农业发展是最差的,生态和城镇发展相对较好,未来应该考虑继续推进城镇化进程,大力推进高新技术产业,同时必须兼顾保护生态环境的重任。

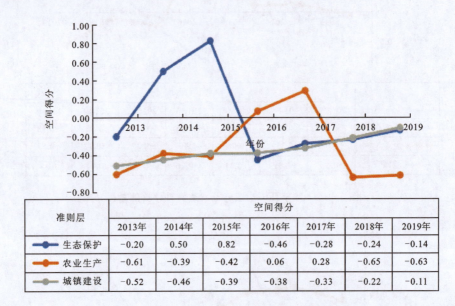

图 7-17 宜都市国土空间开发适宜性评价的结果

9. 长阳县

从图 7-18 可以看出:长阳县农业生产的空间得分总体上处于一个不断下降的过程,从 2013 年的 0.82 上升到 2014 年的 1.02 之后开始快速下降,在 2017 年之后跌至负值,到 2018 年时到达低谷-0.61,但是 2019 年又略有回升;生态保护的空间得分总体而言上升势头良好,从最开始的负值攀升,到 2019 年时已经达到 0.69;城镇建设的空间得分总体上也处于上升趋势,但是上升的幅度小于生态保护的空间得分。农业生产处于长阳县国土空间开发中的最差状态,但是在 2019 年出现好转,使得其不断缩小的趋势得到了抑制。同时,长阳县在生态空间和生活空间方面具有优良的发展前景,说明长阳县在生态环境保护和城镇化进程的推进过程中做到了相互协调和相互平衡,做到了发展和环境保护两不误。综上所述,长阳县的国土空间开发适宜性评价为生态保护和城镇建设双适宜类型。

10. 五峰县

从图 7-19 可以看出:五峰县的国土空间开发状况与长阳县具有相似的发展趋势,但是整体情况更好。农业生产的空间得分从 2013 年开始下降,在 2015—2017 年时略有回升,但

准则层	空间得分					
	2013年	2014年	2015年	2016年	2017年	2018年	2019年
生态保护	-0.28	-0.78	-0.44	0.06	0.21	0.55	0.69
农业生产	0.82	1.02	0.73	0.26	-0.26	-0.61	-0.35
城镇建设	-0.33	-0.24	-0.12	-0.26	-0.15	0.02	0.16

图 7-18　长阳县国土空间开发适宜性评价的结果

是在 2018 年时大幅降至 -0.64，随后又回升到 0.32。生态保护的空间得分和城镇建设的空间得分均从 2013 年的负值不断上升，到 2018 年之后均为正值且均大于 0.5。2019 年，五峰县城镇建设的空间得分最高，而农业生产的空间得分较低，但也大于 0，说明五峰县城镇化进程较为优秀，同时对生态环境的保护作出了较高的贡献，也抑制住了生产空间的不断缩小，做到了三者兼顾、协调发展。综上所述，五峰县的国土空间适宜性评价为生态保护、农业生产、城镇建设均适宜类型。

准则层	空间得分					
	2013年	2014年	2015年	2016年	2017年	2018年	2019年
生态保护	-0.40	-0.28	-0.30	0.01	-0.21	0.51	0.67
农业生产	0.62	0.61	0.24	0.32	0.51	-0.64	0.32
城镇建设	-0.08	0.04	0.15	0.22	0.87	1.02	1.32

图 7-19　五峰县国土空间开发适宜性评价的结果

综上所述：五峰县表现为均适宜；利川市、建始县、咸丰县和长阳县表现为均适宜，且均适宜生态和城镇发展；恩施市和巴东县表现为单适宜，恩施市适宜发展生态，巴东更适宜城镇发展；宣恩县、鹤峰县和宜都市表现均不适宜，虽然这三个地区国土空间目前为表现均不适宜，但是正逐渐转向适宜发展生态、工业和城镇，未来的发展情况将会持续向好。

第八章 清江流域水资源开发保护区划

第一节 清江流域水资源开发保护区划思路

一、反映"三水共治"的任务

早期的水资源相关研究主要集中在流域开放开发建设,注重对水资源的开发利用管理;20世纪90年代开始逐步关注水资源开发利用与水环境污染治理并重;自党的十八大报告明确提出生态文明建设以来,流域水生态受到了更高的关注,并进入了重视水资源、水环境、水生态"三水共治"的阶段;党的十九大进一步提出"共抓大保护,不搞大开发",清江流域必须大力推进生态环境保护修复,持续推进水污染治理、水生态修复、水资源保护的"三水共治"。

二、体现主体功能区差异化的考评重点

本书所研究的清江流域包含的区域大多属于国家限制开发区域,其中有少数点状区域,如湖北清江国家森林公园、湖北柴埠溪国家森林公园、湖北五峰后河国家级自然保护区属于国家禁止开发区域。从清江流域所包含的行政区域来看,恩施市、利川市、建始县、巴东县、宣恩县、咸丰县、鹤峰县、长阳县、五峰县均属于限制开发区的生态功能区,宜都市属于限制开发区的农产品主产区。

三、与"三线一单"和国土空间适宜性评价相衔接

流域县市空间规划要通过"三区"(城镇、农业、生态空间)比例落实主体功能定位,以"三线"(生态保护红线、永久基本农田、城镇开发边界)提升主体功能的底线管控要求。

四、符合清江流域社会经济发展状况、水资源开发利用等因素

坚持可持续发展,保证水资源统一配置、统一调度,规划节约用水习惯,保障水资源高效利用,通过合理规划确保近水近用、先易后难、降低成本。

五、水资源合理配置

水资源配置是在保证全区域社会经济和生态环境可持续发展的前提下,从全局出发,针对社会经济发展现状、发展前景以及资源和环境的状况,比较宏观地研究全区域水资源条件与社会经济各生态环境发展的矛盾与协调关系,通过工程和非工程措施,合理配置资源,实现全县社会—经济—生态的协调发展,使水资源在国民经济可持续发展中充分发挥作用,保障社会经济的健康快速发展。

本次规划各年份水资源配置,以水资源供需平衡分析为基础,坚持以人为本,优先保证生活用水,充分考虑生态用水,统筹协调生产用水的原则,保障全流域水资源的可持续开发利用,实现水资源开发与保护并重。

第二节 清江流域水资源合理配置

一、水资源需水总量预测

1. 生活需水量预测

生活需水量预测采用人均日用水量的定额法,计算公式如下:

$$L_i^t = P_i^t \times Q_i^t \times 365 \div 1000$$

式中,i 为序号,$i=1$ 代表城镇,$i=2$ 代表农村;t 为规划年序号;L_i^t 为 i 用户在 t 年的生活需水量(万 m³);P_i^t 为 i 用户在 t 年的人口数(万人);Q_i^t 为 i 用户在 t 年的人均日需水量[L/(人·d)]。

预测基准年清江流域多年城镇平均生活需水量为 1.058 4 亿 m³,多年农村平均生活需水量 0.778 0 亿 m³,合计为 1.836 4 亿 m³(表 8-1)。2025 年和 2035 年,多年城镇平均生活需水量分别为 1.348 3 亿 m³ 和 1.718 5 亿 m³,较基准年分别增长 27.4% 和 62.4%,而多年农村平均生活需水量分别为 1.027 7 亿 m³ 和 1.332 2 亿 m³,较基准年分别增长 32.1% 和 71.2%,合计分别为 2.376 0 亿 m³ 和 3.050 7 亿 m³,较基准年分别增长 29.4% 和 66.1%。

从总量上看,清江流域生活需水量在近 15 年的时间里(从基准年到 2035 年)增长了约 1.2 亿 m³(图 8-1)。从各县市看,城镇生活需水量和农村生活需水量均呈现增长趋势,其中城镇生活需水量以恩施市、利川市、建始县增长得最为迅速,农村生活需水量以长阳县增长得最为迅速(图 8-2~图 8-4)。

表 8-1 清江流域各县市的生活需水量预测

生活需水量/亿 m³

县市	基准年			2025 年			2035 年			2050 年		
	城镇	农村	小计	城镇	农村	小计	城镇	农村	小计	城镇	农村	小计
恩施市	0.2491	0.1128	0.3619	0.2998	0.1427	0.4425	0.3721	0.1807	0.5528	0.4807	0.2377	0.7184
利川市	0.1692	0.1232	0.2924	0.2184	0.1580	0.3764	0.2876	0.2031	0.4907	0.3913	0.2707	0.6620
建始县	0.1003	0.0808	0.1811	0.1611	0.0820	0.2431	0.2415	0.0722	0.3137	0.3623	0.0574	0.4197
巴东县	0.0962	0.0861	0.1823	0.1208	0.1141	0.2349	0.1569	0.1501	0.3070	0.2110	0.2041	0.4151
宣恩县	0.0665	0.0625	0.1290	0.0883	0.0804	0.1687	0.1191	0.1034	0.2225	0.1654	0.1379	0.3033
咸丰县	0.0754	0.0582	0.1336	0.0943	0.0717	0.1660	0.1215	0.0910	0.2125	0.1625	0.1200	0.2825
鹤峰县	0.0444	0.0418	0.0862	0.0575	0.0551	0.1126	0.0766	0.0721	0.1487	0.1054	0.0978	0.2032
宜都市	0.1312	0.0632	0.1944	0.1476	0.0918	0.2394	0.1525	0.1245	0.2770	0.1599	0.1735	0.3334
长阳县	0.0840	0.1065	0.1905	0.0877	0.1685	0.2562	0.0849	0.2481	0.3330	0.0806	0.3675	0.4481
五峰县	0.0421	0.0429	0.0850	0.0728	0.0634	0.1362	0.1058	0.0870	0.1928	0.1553	0.1224	0.2777
合计	1.0584	0.7780	1.8364	1.3483	1.0277	2.3760	1.7185	1.3322	3.0507	2.2744	1.7890	4.0634

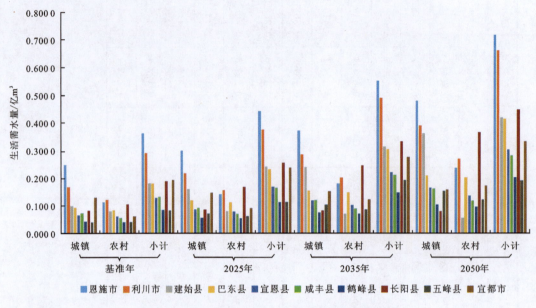

图 8-1　清江流域各县市的生活需水量分类别预测

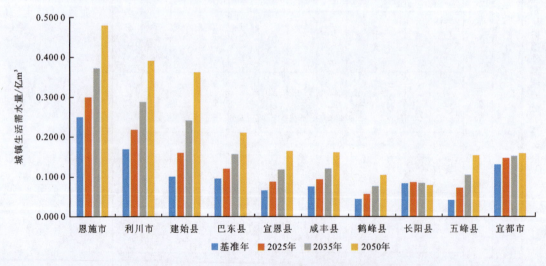

图 8-2　清江流域各县市的城镇生活需水量预测

2. 工业需水量预测

一般来说，工业需水量预测采用万元工业增加值需水量法进行预测，计算公式如下：

$$W_I^t = I_{GDP}^t \times I_{WG}^t$$

式中，W_I^t 为工业需水量（亿 m^3）；I_{GDP}^t 为第 t 年的工业增加值规模（万元）；I_{WG}^t 为第 t 年的万元工业增加值需水量（亿 m^3/万元）。

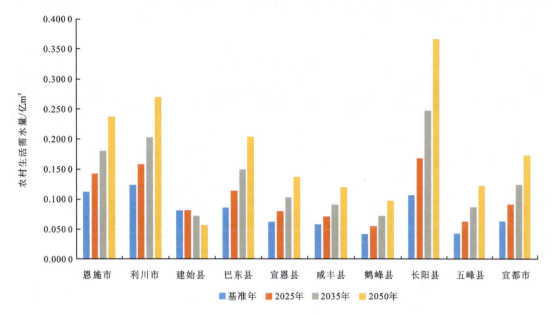

图 8-3　清江流域各县市的农村生活需水量预测

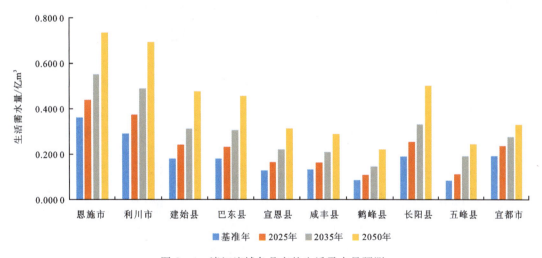

图 8-4　清江流域各县市的生活需水量预测

预测基准年的清江流域工业需水量为 2.432 7 亿 m^3,到 2025 年和 2035 年的工业需水量分别为 3.066 51 亿 m^3 和 5.051 95 亿 m^3,较基准年分别提高 26.1%和 107.7%(表 8-2 和图 8-5、图 8-6)。

从图 8-5 可以看出,在整个预测期内,清江流域各县市的工业需水量总体上呈现缓慢上升的趋势,除宜都市以外,其余九个县市的上升幅度均不明显,且这些县市的工业需水量大多未超过 0.5 亿 m^3。宜都市作为清江流域唯一具有较高工业化水平的城市,2025 年的工业需水量将到达 1.743 34 亿 m³,2035 年的工业需水量将到达 2.381 54 亿 m³,分别较基准年增长 34.5% 和 83.7%。

表 8-2 清江流域各县市的工业需水量预测

县市	工业需水量/亿 m³			
	基准年	2025 年	2035 年	2050 年
恩施市	0.316 8	0.345 08	0.385 48	0.446 08
利川市	0.125 5	0.148 04	0.180 24	0.228 54
建始县	0.116 5	0.130 95	0.151 59	0.182 55
巴东县	0.140 9	0.151 12	0.165 72	0.187 62
宣恩县	0.062 2	0.066 68	0.073 08	0.082 68
咸丰县	0.083 5	0.097 50	1.197 50	0.147 50
鹤峰县	0.123 2	0.132 16	0.144 96	0.164 16
宜都市	1.296 6	1.743 34	2.381 54	3.338 84
长阳县	0.105 4	0.187 30	0.304 30	0.479 80
五峰县	0.062 1	0.064 34	0.067 54	0.072 34
小计	2.432 7	3.066 51	5.051 95	5.330 11

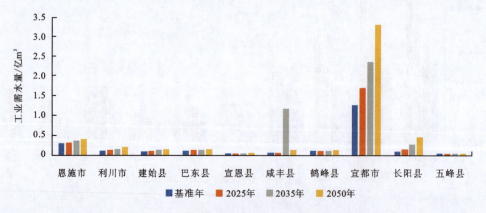

图 8-5 清江流域各县市的工业需水量预测

从图 8-6 可以更清晰地看出:除宜都市以外,其余县市的工业需水量占总需水量的比例均较低,说明这些县市的工业化水平较低,工业用途在这些县市并非水资源的主要使用方式;而宜都市的工业需水量约占总需水量的 49.06%,接近一半,说明其工业化水平较高,工业用途是水资源消耗的主要途径,工业规模的扩大是导致总需水量增长的主要因素。

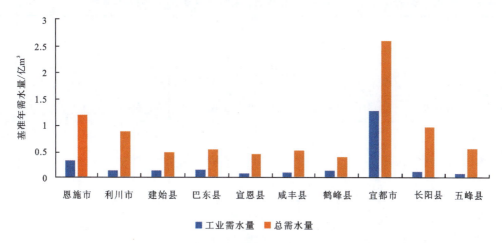

图8-6 清江流域各县市基准年的总需水量与工业需水量

3. 建筑业需水量和第三产业需水量预测

采用万元增加值需水量法预测建筑业需水量和第三产业需水量,结果如表8-3和图8-7所示。基准年清江流域建筑业需水量和第三产业需水量分别为0.083 9亿 m³和1.802 6亿 m³。根据预测清江流域建筑业和第三产业的需水分析和规划,清江流域2025年和2035年的建筑业需水量分别为0.247 9亿 m³和0.391 7亿 m³,2025年和2035年第三产业需水量分别为3.181 0亿 m³和4.329 7亿 m³。相对于第三产业需水量而言,建筑业需水量虽然基数较小,但是增长的速度更快,到2035年时较基准年已经增长366.9%,而第三产业需水量在较高基础水平的情况下,到2035年较基准年增长140.2%。这充分说明了清江流域各县市建筑业和第三产业在未来对需水量存在较强的需求。

从图8-7可以看出:从地域角度而言,恩施州各县市的建筑业需水量和第三产业需水量均处于相对较低水平,但平均增长水平更高,特别是第三产业需水量;在所有县市中,咸丰县、宣恩县和恩施市在建筑业需水量上的增长速度迅速,而建始县和鹤峰县在第三产业需水量上存在较快的增长速度。

4. 农业生产需水量预测

农业生产在清江流域各县市的经济发展中占较大比重,发挥着重要的作用。农业生产需水量在各县市总需水量中所占的比重较大,同时农业生产需水量也可以直观反映出该县市的农业发展状况,因此,对农业生产需水量进行预测可以有效实现清江流域水资源的合理优化配置,使水资源得到高效利用,合理规划农业生产,促进农业发展。

清江流域各县市的农业生产用水方式主要包括农田灌溉和林果灌溉,其需水量预测如表8-4和图8-8~图8-11所示。

表 8-3 清江流域各县市的建筑业需水量和第三产业需水量预测

县市	需水量/亿 m³							
	基准年		2025 年		2035 年		2050 年	
	建筑业	第三产业	建筑业	第三产业	建筑业	第三产业	建筑业	第三产业
恩施市	0.006 0	0.161 0	0.022 8	0.265 2	0.036 8	0.352 0	0.057 8	0.482 2
利川市	0.003 9	0.102 4	0.007 3	0.114 6	0.010 6	0.124 8	0.015 8	0.140 1
建始县	0.001 5	0.033 2	0.003 7	0.164 2	0.005 5	0.273 4	0.008 1	0.437 2
巴东县	0.002 2	0.048 2	0.004 1	0.151 4	0.005 7	0.237 4	0.008 1	0.366 4
宣恩县	0.001 5	0.031 4	0.002 6	0.113 2	0.010 2	0.181 4	0.032 9	0.283 7
咸丰县	0.001 8	0.037 9	0.009 5	0.138 2	0.015 9	0.221 8	0.025 5	0.347 2
鹤峰县	0.001 0	0.021 5	0.003 4	0.083 7	0.005 4	0.135 5	0.008 4	0.213 2
宜都市	0.034 0	0.684 0	0.105 4	1.139 0	0.164 9	1.518 1	0.254 2	2.086 8
长阳县	0.021 0	0.488 0	0.054 5	0.600 4	0.082 4	0.694 0	0.124 2	0.834 4
五峰县	0.011 0	0.195 0	0.034 6	0.411 1	0.054 8	0.591 3	0.083 8	0.861 4
小计	0.083 9	1.802 6	0.247 9	3.181 0	0.391 7	4.329 7	0.618 8	6.052 6

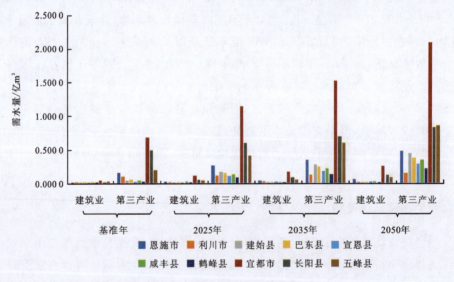

图 8-7 清江流域各县市的建筑业需水量和第三产业需水量预测

如表 8-4 和图 8-8 所示,清江流域各县市的农业生产需水量均呈上升趋势,到 2025 年清江流域的农业生产需水总量预测达到 3.198 8 亿 m³,到 2035 年达 4.778 2 亿 m³,其中恩施市、利川市和宜都市的农业生产需水量上涨幅度较大。到 2035 年,宜都市的农业生产需

表 8-4 清江流域各县市的农业生产需水量预测

农业生产需水量/亿 m³

县市	基准年 农田灌溉	基准年 林果灌溉	基准年 小计	2025年 农田灌溉	2025年 林果灌溉	2025年 小计	2035年 农田灌溉	2035年 林果灌溉	2035年 小计	2050年 农田灌溉	2050年 林果灌溉	2050年 小计
恩施市	0.330 8		0.330 8	0.386 1		0.386 1	0.561 3		0.561 3	0.85		0.85
利川市	0.289 5	0.060 8	0.350 3	约 0.3	0.084 9	0.384 9	约 0.5	约 0.12	0.620 0	约 0.7	约 0.2	0.90
建始县	0.119 2	0.026 6	0.145 8	0.219 7	0.084 9	0.304 6	0.270 9	约 0.1	0.370 9	0.38	约 0.12	0.50
巴东县	0.150 1		0.150 1	0.211 7		0.211 7	约 0.35		0.350 0	约 0.5		0.50
宣恩县	0.206 8	0.001 9	0.208 7	约 0.25	0.002 0	0.252 0	约 0.4	0.005 0	0.405 0	约 0.5	0.05	0.55
咸丰县	0.245 6	0.001 5	0.247 1	约 0.3	约 0.05	0.350 0	约 0.4	约 0.1	0.550 0	约 0.6	约 0.15	0.75
鹤峰县	0.121 4	0.025 5	0.146 9	约 0.2	约 0.05	0.250 0	约 0.35	约 0.1	0.450 0	约 0.45	约 0.2	0.65
宜都市			0.431 9			0.562 5			0.710 7			0.90
长阳县			0.164 3			0.250 0			0.4			0.60
五峰县			0.196 1			0.247 0			0.360 3			0.55
小计	1.463 4	0.116 3	2.372 0	1.867 5	0.271 8	3.198 8	2.882 2	0.425 0	4.778 2	3.98	0.77	6.75

水量预测将超过 0.7 亿 m³，较基准年约增长 65%，利川市的农业生产需水量预测将达到约 0.62 亿 m³，恩施市的农业生产需水量预测将达到 0.561 3 亿 m³；到 2050 年，利川市和宜都市的农业生产需水量将均达到 0.9 亿 m³，其他县市的也将显著上升。

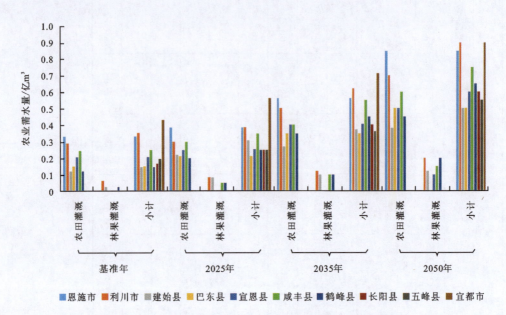

图 8-8　清江流域各县市的农业生产需水量分类别预测

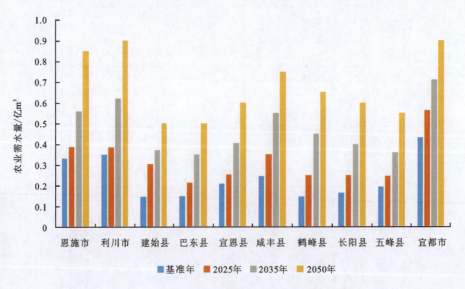

图 8-9　清江流域各县市的农业生产需水量预测

从图 8-10 和图 8-11 可以看出，各县市两种不同类型的需水量都呈现上升趋势，但其中利川市 2025 年农田灌溉需水量预测相较于基准年的上升幅度较小，宣恩县林果灌溉需水量的上升幅度不大,且到 2035 年的预测值仅为 0.05 亿 m³ 左右,而建始县和咸丰县 2025 年的林果灌溉需水量相较于基准年出现大幅增长。

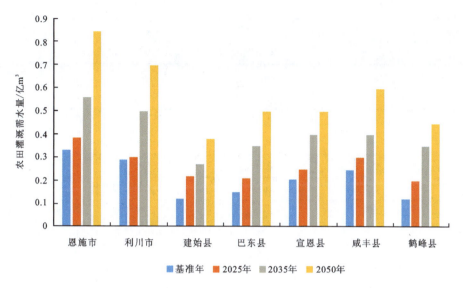

图 8-10　清江流域各县市的农田灌溉需水量预测

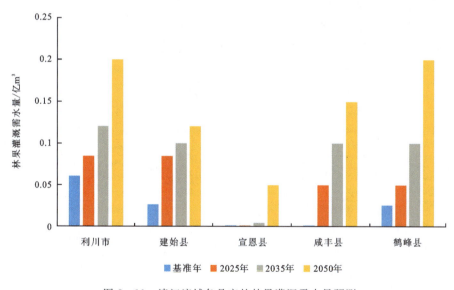

图 8-11　清江流域各县市的林果灌溉需水量预测

5. 生态需水量预测

以 2013—2017 年生态用水量为基础,结合五年生态用水量增长率以及生态用水基数增加、增速放缓的考虑,预测生态需水量如表 8-5 所示。

表8-5　清江流域各县市的生态需水量预测

县市	生态需水量/亿 m³			
	基准年	2025年	2035年	2050年
恩施市	0.022 6	0.042 2	0.078 798	0.147 137
利川市	0.008 4	0.014 8	0.026 076	0.045 944
建始县	0.005 2	0.009 6	0.017 723	0.032 72
巴东县	0.004 6	0.008 1	0.014 263	0.025 115
宣恩县	0.005 5	0.010 3	0.019 289	0.036 123
咸丰县	0.005 8	0.010 7	0.019 7 4	0.036 416
鹤峰县	0.002 9	0.005 3	0.009 686	0.017 702
宜都市	0.001 9	0.002	0.002 105	0.002 216
长阳县	0.001 9	0.002 7	0.003 837	0.005 452
五峰县	0.001 3	0.002 1	0.003 392	0.005 48
合计	0.060 1	0.107 8	0.194 909	0.354 305

6. 需水总量预测

结合清江流域各县市生活空间、生产空间、生态空间的需水量，清江流域当地社会经济发展需水总量预测如表8-6所示。清江流域各水平年的社会经济发展需水量结构如图8-12所示。

表8-6　清江流域各县市需水总量预测

县市	需水总量/亿 m³			
	基准年	2025年	2035年	2050年
恩施市	1.199 1	1.503 88	1.967 178	2.701 617
利川市	0.882 9	1.046 04	1.452 416	1.992 384
建始县	0.483 3	0.856 15	1.132 813	1.580 270
巴东县	0.528 3	0.761 32	1.080 083	1.502 335
宣恩县	0.438 3	0.613 48	0.911 469	1.288 703
咸丰县	0.509 7	0.771 90	2.217 440	1.589 116
鹤峰县	0.381 7	0.587 16	0.894 246	1.256 662
宜都市	2.642 8	3.791 64	5.054 345	6.915 456
长阳县	0.971 1	1.351 10	1.817 537	2.491 952
五峰县	0.550 5	0.895 34	1.269 632	1.850 720
合计	8.587 7	12.178 01	17.797 160	23.169 22

第八章 清江流域水资源开发保护区划

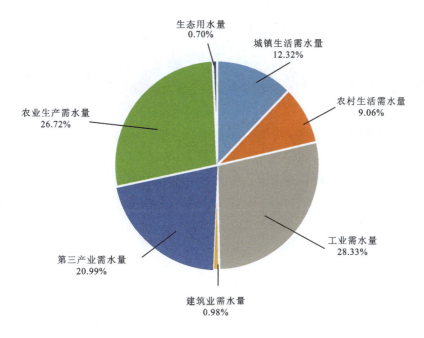

A

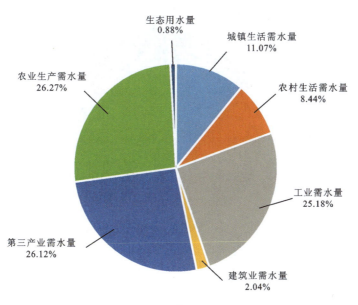

B

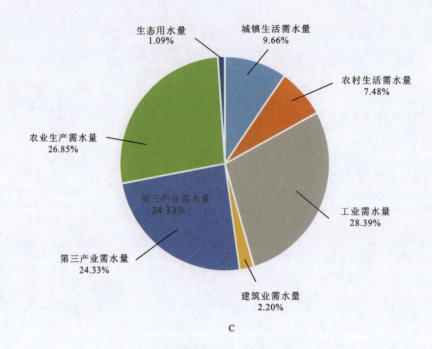

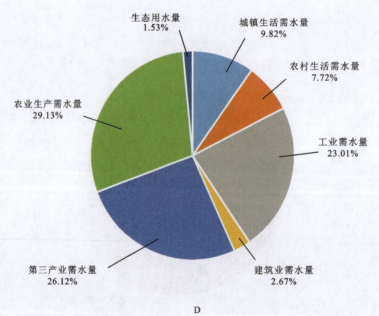

A. 基准年；B. 2025 年；C. 2035；D. 2050 年。

图 8-12 清江流域各水平年的社会经济发展需水量结构

二、水资源供给分析

本小节主要在充分发挥现有供水工程潜力的情况下,依据供水预测规划新增的各类水源供水工程,计算各规划水平年的可供水量,然后结合需水量预测进行水资源供需平衡评价。

1. 水资源供给现状分析

1)供水量现状

清江发源于恩施州利川市东北部武陵山与大巴山余脉的齐岳山龙洞沟,自西向东横跨云贵高原边缘的鄂西群山,在宜昌市宜都市陆城街道处汇入长江,其干流全长423km,总落差1430m,是长江在湖北省境内的第二大支流。清江流域地处西南低涡频繁通过的路径上,不仅暴雨多发,而且由于地处鄂西南山地,其地形对东南或西南暖湿气流的抬升作用十分明显,因此清江全流域降水充沛,多年平均降水量在1400mm以上。

降水量的变化也体现在清江流域地表水资源量的变化上(图8-13、图8-14)。各县市地表水资源量统计数据显示,历年降水量与历年地表水资源量有较大相关性,无论是各县市还是清江全流域地表水资源量2013年到2016年都呈现上升趋势,其中因2016年多个县市的降水量高于2017年,2019年遭遇了旱灾,所有县市的降水量都出现了大幅度下跌。从图8-14可以看出,流域地表水资源量最大值出现在2016年,为320亿m³左右,相比2013年的约200亿m³上升了60%,2017年流域地表水资源量相比2013年大约有55%的上升,而2018年的地表水资源量相比2017年有80亿m³左右的较大幅度下滑,2019年由于第三季度少雨,各县市的地表水资源量出现了大幅度的下滑,降幅约为40%。

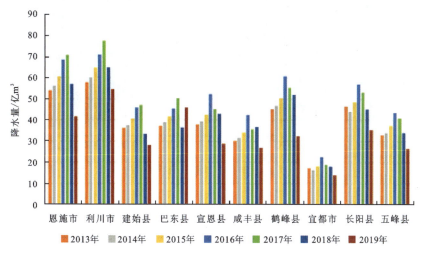

图8-13 2013—2019年清江流域各县市的降水量

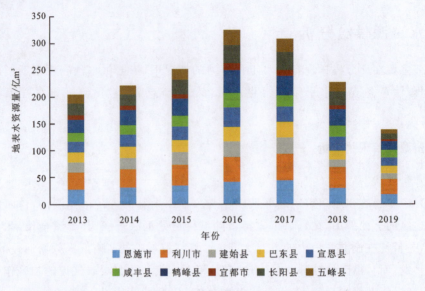

图 8-14　2013—2019 年清江流域各县市的地表水资源量

2) 用水量现状

从用水量类别(图 8-15)来看,2019 年,恩施州生产用水量、生活用水量和生态用水量占比分别为 70.61%、28.22% 和 1.17%,宜昌市生产用水量、生活用水量和生态用水量占比分别为 86.79%、12.54% 和 0.67%,均明显表现出以生产用水量为主,生态用水量比例严重不足的现象。

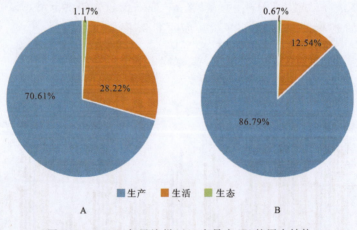

图 8-15　2019 年恩施州(A)、宜昌市(B)的用水结构

2. 水资源供需平衡评价

清江流域基准年水资源总量为 292.4 亿 m^3,多年平均水资源可利用量约为 23.41 亿 m^3,基准年清江流域各县市总需水量约为 8.6 亿 m^3(表 8-7),到 2050 年清江流域各县市总需水量预计将达到约 23.2 亿 m^3,将接近清江流域水资源可利用上限。从水资源供需平衡角

度看,清江流域各县市目前至2050年用水需求均能得到满足;但从用水效率来看,清江流域整体用水效率不高,节水增效压力仍然较大。

表8-7 清江流域各县市基准年水资源供需情况

县市	水资源量/亿 m³		供水量/亿 m³		总需水量/亿 m³	水资源开发程度/%	
	地表水	地下水	地表水	地下水		地表水	地下水
恩施市	30.086 0	10.653 7	1.295 5		1.199 1	4.31	
利川市	38.642 2	9.072 0	0.931 2		0.882 9	2.41	
建始县	14.732 7	9.915 5	0.577 9		0.483 3	3.92	
巴东县	15.815 3	7.163 8	0.617 6		0.528 3	3.91	
宣恩县	25.477 6	7.163 8	0.497 7		0.438 3	1.95	
咸丰县	15.935 3	4.496 2	0.583 8		0.509 7	3.66	
鹤峰县	29.834 1	6.608 8	0.422 0		0.381 7	1.41	
宜都市	8.602 2	3.130 1	2.130 8	0.027 7	2.642 8	24.77	0.88
长阳县	23.032 8	7.238 7	0.611 8		0.971 1	2.66	
五峰县	19.527 6	5.267 5	0.409 5		0.550 5	2.10	
合计	221.685 8	70.710 1	8.077 8	0.027 7	8.587 7	3.65	0.88

第三节 清江流域水资源开发保护区划方案

一、水功能区划

根据清江流域水资源自然条件、开发利用程度、开发适宜性评价和保护要求,笔者将清江流域划分为14个一级分区(表8-8),包括保护区、保留区和开发利用区等类型,涉及清江干流及其支流忠建河、马水河、野山河、渔洋河等河流。

二、保护目标

根据清江流域实际情况和湖北省"三条红线"管控要求,本研究按照阶段控制、逐步削减的原则制定分阶段控制保护目标。各规划水平年区内水功能区控制保护目标为:到2035年,清江流域饮用水源地达标率100%,工业废水排放达标率100%,水功能区水质达标率100%,并保持在该水平。

表 8-8 清江流域水功能区划

河流	河段	水功能区划	区划依据	水资源配置	适宜性类型	供水对象
清江	利川	保护区	源头水	中级协调	生态保护、城镇建设双适宜	饮用水源
清江	恩施	开发利用区	重要城市江段	良好协调	生态保护、农业生产、城镇建设双适宜	生态保护、生活、工业生产
清江	建始	保留区	开发利用程度不高	良好协调	生态保护、农业生产、城镇建设双适宜	生态保护、生活、工业发展
清江	巴东	保留区	开发利用程度不高	良好协调	城镇建设单适宜	城镇生活用水
清江	长阳	保留区	开发利用程度不高	良好协调	生态保护、城镇建设双适宜	生态保护、生活、工业生产
清江	宜都	保留区	开发利用程度不高	良好协调	生态保护、城镇建设双适宜	生态保护、生活、工业发展
忠建河	咸丰	保护区	省级自然保护区	良好协调	不适宜	生态保护
忠建河	宣恩	保留区	开发利用程度不高	中级协调	不适宜	生态保护
忠建河	恩施	保留区	开发利用程度不高	良好协调	生态保护、农业生产、城镇建设双适宜	生态保护、生活、农业生产
马水河	建始	保留区	开发利用程度不高	良好协调	生态保护、农业生产、城镇建设双适宜	生态保护、生活、工业发展
马水河	恩施	开发利用区	具有一定的开发程度	良好协调	生态保护、城镇建设双适宜	生态保护、生活、农业生产
野山河	巴东	保留区	开发利用程度不高	良好协调	城镇建设单适宜	城镇用水
野山河	建始	保留区	开发利用程度不高	良好协调	生态保护、城镇建设双适宜	生态保护、生活、工业发展
渔洋河	宜都	保留区	开发利用程度不高	良好协调	生态保护、城镇建设双适宜	生态保护、生活、工业发展

第九章 推进清江流域水资源承载力提升与开发保护区划的对策建议

第一节 合理划分水资源领域财政事权和支出责任

一、合理划分中央与地方的财政事权和支出责任

一是明确中央与地方的财政事权。国务院办公厅印发的《关于生态环境领域中央与地方财政事权和支出责任划分改革方案的通知》(国办发〔2020〕13号)规定:"将放射性污染防治,影响较大的重点区域大气污染防治,长江、黄河等重点流域以及重点海域、影响较大的重点区域水污染防治等事项,确认为中央与地方共同财政事权。将土壤污染防治、农业农村污染防治、固体废物污染防治、化学品污染防治、地下水污染防治以及其他地方性大气污染和水污染防治,噪声、光、恶臭、电磁辐射污染防治等事项,确认为地方财政事权。"清江流域作为长江流域的重要组成部分,应适当提高中央对清江流域生态环境保护和治理方面的财政事权,明确地方对清江流域土壤污染防治、农业农村污染防治、固体废物污染防治、化学品污染防治、地下水污染防治以及其他地方性大气污染和水污染防治,噪声、光、恶臭、电磁辐射污染防治等事项的财政事权划分。

二是合理划分中央与地方的支出责任。国务院办公厅印发的《自然资源领域中央与地方财政事权和支出责任划分改革方案的通知》(国办发〔2020〕19号)规定:"将生态保护红线、永久基本农田、城镇开发边界等空间管控边界以及各类海域保护线的划定,资源环境承载能力和国土空间开发适宜性评价等事项,确认为中央与地方共同财政事权,由中央与地方共同承担支出责任。""将对生态安全具有重要保障作用、生态受益范围较广的重点生态保护修复(主要包括重点区域生态保护修复治理、国土综合整治、海域海岸带和海岛修复、历史遗留矿山生态修复治理,国家级自然保护地的建设与管理,林木良种培育、造林、森林抚育、退耕还林还草、林业科技推广示范及天然林、国家级公益林保护管理,草原生态系统保护修复、草原禁牧与草畜平衡工作,湿地生态系统保护修复,荒漠生态系统治理,国家重点陆生野生动植物保护等),确认为中央与地方共同财政事权,由中央与地方共同承担支出责任。"清江流域水资源保护和水资源承载力等事项的支出责任应由中央和地方共同承担,并急需对中

央和地方的支出责任进行进一步科学、合理地划分。另外,清江流域内的清江画廊属于国家级地质公园,应适当提高中央支出责任,地方承担部分支出责任。

二、推进清江流域省以下财政事权和支出责任划分

一是加快推进清江流域省以下财政事权划分。强化省级政府对清江流域水资源保护的财政事权履行责任,省各职能部门根据职责分工履行相应财政事权的管理责任。省级财政事权确需委托市以下政府行使的,报经省委、省政府批准后,由省有关职能部门委托市以下行使,并制定相应的政府规章或者提请人大常委会制定地方性法规予以明确。对于省级委托市以下政府行使的财政事权,受委托地方政府在委托范围内,以委托单位的名义行使职权,承担相应的法律责任,并接受委托单位的监督。另外,保障市以下履行清江流域财政事权。将直接面向基层、量大面广、与当地居民密切相关、由当地提供更方便有效的基本公共服务确定为市以下财政事权,赋予市以下政府充分自主权,依法保障市以下财政事权履行,更好地满足基本公共服务需求。市以下财政事权由市以下各级政府行使,省对市以下的财政事权履行提出规范性要求,并通过相关制度予以明确。

二是完善清江流域省以下支出责任划分。国务院办公厅印发的《关于生态环境领域中央与地方财政事权和支出责任划分改革方案的通知》(国办发〔2020〕13号)文件规定:"结合省以下财政体制等实际,合理划分生态环境领域省以下财政事权和支出责任。要加强省级统筹,加大对区域内承担重要生态功能地区的转移支付力度。要将适宜由地方更高一级政府承担的生态环境领域基本公共服务支出责任上移,避免基层政府承担过多支出责任。"清江流域水资源保护属于跨市重大环境保护与治理事项,由省级和市以下按比例或省级给予适当补助方式承担支出责任。省级的财政事权,由省级财政安排经费,省级各职能部门和直属机构不得要求市以下安排配套资金。省级的财政事权如委托市以下行使,要通过省对下专项转移支付安排相应经费。

第二节 推动监测巡护工作制度化体系化

一、建立清江流域水生态环境监测体系

加快生态环境监测体系建设,完善应急处置体系,全面提升清江流域水生态环境监测和监管能力。从制度、基础设施和技术三个层面全方位强化水生态环境监测反馈体系。

建立清江流域水生态保护与修复领导小组制度,跨行政区划统一筹划清江流域水资源管理和修复相关工作,结合全面推行湖长河长制的需要,从提升河流管理保护效率、落实方案实施各项要求等方面出发,加强河流管理保护的沟通协调机制、综合执法机制、督察督导机制、考核问责机制、激励机制等机制的建设。

坚持湖长巡湖制度,清江流域各级河湖长应坚持定期巡湖制度,在巡湖的过程中掌握和了解湖泊真实情况,听取一线湖泊管理人员和沿湖群众的意见与建议,协调解决湖泊保护和管理中存在的重大问题,并安排部署工作任务,缩短从发现问题到解决问题的路径。同时,在现有湖泊河流生态监测工作体系下,聘请当地群众代表担任监督员,定期对清江流域各河湖支流治理和管理效果进行评价。建立清江流域保护和管理信息发布平台,畅通公众监督反馈渠道。鼓励设立企业湖长、民间湖长、湖长监督员、湖泊志愿者、巾帼护水岗等,形成立体化监测预警队伍体系。

以现有常规水质监测站点为基础,逐步增加水质监测断面,并优化布局。同时增加水质检测取样点,提升检测数据的可靠性。按照《水环境监测规范》(SL 219—2013)确定监测项目和频率,提高水质水量监测能力。中、远期将水质站点建设覆盖到清江流域所有主要河湖支流。联合第三方水文水环境监测专业部门,拟定实施方案,布设自动与人工监测站点,逐步设立水质站点、水量站点、水生态站点、视频监控等监测站网,加密数据采集,监控画面实时传输至相关水务行政部门或湖泊保护领导小组,提升突发事件应急反应能力。

二、精准发力破解超载困境

1. 严控用水总量

认真贯彻落实《湖北省城镇供水条例》和《湖北省人民政府关于实施最严格水资源管理制度的意见》。制定并实施城镇节水规划,健全取用水总量控制指标体系,实施流域和区域取用水总量控制。严格取水许可的审批和管理,建设项目必须通过水资源论证。对已达到或超过控制指标的地区,暂停审批其建设项目新增取水许可。严格实施取水许可制度,对纳入取水许可管理的单位和其他用水大户实行计划用水管理,建立重点监控用水单位名单。新建、改建、扩建项目用水要达到行业先进水平,节水设施应与主体工程同时设计、同时施工、同时投运。

2. 落实县、镇级"三条红线"考核

从保障清江流域水资源安全出发,落实"三线"考核,细化到乡镇及河湖库,据各乡镇产业结构、人口密度、用水水平等合理制定考核指标,加强对清江流域的水功能区管理,对水功能区达标情况进行县级考核。

3. 提高节约用水水平

恩施州和宜昌市的万元 GDP 用水量、农业灌溉亩均用水量、万元工业增加值用水量、城镇生活人均用水量四项指标均高于全省平均指标,可通过调控水价、推进农业灌溉设施节水改造、推进农业节水技术应用、推广生活节水器具等措施,积极推进节水型社会建设,保障水资源安全。

水价调控：实行居民阶梯水价制度，实现差别化资源价格，发挥阶梯水价机制调节作用，对非居民用水实行超定额、超计划累进加价制度。

农业节水：加大流域内农业灌溉节水改造，推广先进的灌溉节水技术和设备，推广节水栽培技术，推广渠道防渗、管道输水、喷灌、微灌等技术，定期对渠道进行管理维护。

生活节水：推广、鼓励居民家庭选用节水器具，公共建筑采用节水器具，限期淘汰公共建筑中不符合节水标准的水嘴、便器水箱等生活用水器具。加大节水宣传力度，提高居民节水意识。

工业节水：建立和完善循环用水系统，提高工业用水重复率；改革生产工艺和用水工艺，采用节水工艺，采用无污染或少污染技术，推广新的节水设备。

4. 加快推进乡镇污水处理厂建设

在清江流域各县市已经开展的污水处理厂建设项目基础上，进一步完善污水管网、污水处理能力建设。加快推进农村生活污水治理措施，结合流域内农村居民分布特点及现状，对河道周边每家每户采用新建小型一体化粪池一座；人口分散区，生活污水采用小型污水处理设备或自然处理形式处理，同时规划布局，原则上远离河道，避免对河道造成影响。

5. 农业面源污染治理

加快实施农业生态沟渠净化、秸秆综合利用等工程，尽快开展科学施肥试点，进而推广普及测土配方施肥，推广新肥料新技术，引导农民使用生物农药或高效、低毒、低残留农药。通过技能培训及在播种施肥季节通过广播、新闻、报刊、互联网、新媒体（微信公众号、微博）等方式宣传普及测土配方施肥对耕种质量保护、节约成本的意义；组织技术人员到各乡镇进行配方施肥技术和优势的介绍、培训，提高农民意识，能够自觉"按方施肥"和"施配方肥"。

针对肥料包装袋、农药瓶（袋）随意丢弃于田地、水边，应积极开展肥料、农药包装袋户收集—村集中—镇（乡）转运—县（市、区）集中无害化处理，减少肥料、农药废弃物污染。

6. 畅通河湖连通体系

建立河湖连通体系，使得河湖水体能自由流通，恢复水系原貌，全面落实清江流域生态流量和生态水位达到承载要求，根据需要对连通河港及湖泊开展清淤工作，全面核定流域各段生态所需最低水位和流量，严格管理水电站、闸站泵房等水利设施的最低下泄流量。通过采取工程或非工程措施从规划设计、工程改建、调度运行等方面入手，加强拦河闸坝的运行管理，定期对其进行清淤维护，对未经水利部门审批的拦河闸坝进行重新评估，并在重新评估的基础上调整运行方式进行改建或拆除。

结合清江流域各水域实际情况，完成水域岸线划界确权工作，明确水域管理保护范围，落实各成员单位及相关部门管理责任，实行分级管理，岸线保洁、管护责任落实到镇、到村、到人，建立多部门联动协调机制，完善现行管理体制，对保护范围内一切违规违法行为给予严厉打击。

三、提升水资源环境执纪执法力度

牢记"党纪严于国法",严格监督指导和考核,完善目标考核奖惩机制。清江流域水行政主管部门作为湖泊管理的主体,按湖泊保护确定的近期和远期目标,定期组织各级湖泊水系保护修复工作进度考评,协调督导各部门在规定时期内的目标任务。在分级细化落实管理工作目标与责任的基础上,建立并严格执行管理与修复成果监督、验收和回头看制度,积极鼓励社会力量参与清江流域水环境治理和监督工作,实现成果监督常态化、立体化。加强项目实施管理,严格推行项目前期、中期、后期结构化监督检查,责任到人,验收合格,严格根据任务目标完成情况,对各级目标责任人进行考核评议,将评议结果纳入干部年度工作考核指标体系。

从保障清江流域水资源安全出发,落实"三条红线"考核,细化到乡镇及河湖库,据各乡镇产业结构、人口密度、用水水平等合理制定考核指标,加强对清江流域水功能区管理,对水功能区达标情况进行县级考核。强化执法监督,加大对环境污染和生态破坏违法案件的查处和督办力度,湖泊管理部门统筹建立专门联合执法管理队伍,对湖泊保护工作专管。加强管理队伍装备建设,提高湖泊监管执法能力,切实履行监管职责。严厉打击违法排污行为。对重大环境违法行为实行挂牌督办,依法严肃追究相关责任人法律责任。加强对清江流域生态环境的司法保护,强化依法治湖,落实有法必依、执法必严、违法必究的司法准则。

第三节 充分发挥国土空间各单元作用

从研究结论中可以得出,清江流域大部分地区在生态保护和城镇建设方面具有较强的适宜性,仅有五峰县对于工业发展有一定的适宜性。因此,在对清江流域国土空间进行开发时要把重心放在生态保护和城镇建设之上,清江流域发展的适宜方向是第三产业。充分发挥清江流域的水运功能,加快清江航道整治,加强港口建设,能有效改善清江流域发展条件和环境,带动整个社会经济迅速发展。此外水运能力的增强还能带动清江流域旅游资源的开发。充分发挥清江流域土家族、苗族等少数民族聚居区的特点,将少数民族的民风民俗融入清江美景,打造具有特色的清江旅游产品。

围绕改善提升清江流域生态环境,做到坚持保护优先和绿色发展,积极探索清江流域高质量发展新路径,做好生态修复、环境保护、绿色发展"三篇文章"。积极响应中央号召,共抓大保护,不搞大开发,加快生态文明体制改革,推进绿色发展,着力解决突出环境问题,加大生态系统保护力度;围绕推动质量变革、效率变革、动力变革,推进创新驱动发展,加快产业结构优化升级,进一步提升新型城镇化水平,打造美丽、畅通、创新、幸福、开放、活力的生态经济带。

第四节 科学划分水功能区

清江流域各县市政府和相关部门应根据国务院有关文件精神和《全国主体功能区规划》确定的开发原则,以《湖北省生态功能区划》和《湖北省水功能区划》等相关文件为标准,结合清江流域的实际情况,认真落实清江流域主体功能区规划,科学划分水资源功能区并组织推动实施。各政府履行相关职责,追踪指导和检查规划的落实情况。严格遵循湖北省"三线一单",具体以清江流域各县市政府发布的区划政策、指令及相关规定为准,根据不同主体功能区发展的主要任务,统筹调配流域和区域水资源,平衡各地区、各行业的水资源需求以及生态环境保护的要求。实行严格的水资源管理制度,根据水资源和水环境承载能力,强化用水需求和用水过程管理,实现水资源的有序开发、有限开发、有偿开发和高效可持续利用。

针对清江流域用水效率低下和用水结构不均衡的问题,要统筹清江流域干支流、上中下游梯级开发,加强水资源开发管理,加强水资源控制性工程建设,重点解决用水效率的问题,提高清江流域各县市的用水效率。同时加强对清江流域干流和支流、丰水和枯水期水资源统筹的调控能力,保障重点开发区域和农业发展、生态用水的需要,合理规划各行业、各产业的用水量,优化用水结构。要加强水资源的全面规划,充分发挥水资源的多种功能,优化空间布局,提高水资源利用水平。

第五节 做好功能区与国土空间规划的衔接

国土空间规划是对一定区域国土空间开发保护在空间和时间上作出的安排,包括总体规划、详细规划和相关专项规划。国土空间总体规划是详细规划的依据、相关专项规划的基础。相关专项规划是指在特定区域(流域)、特定领域,为体现特定功能,对空间开发保护利用作出的专门安排,是涉及空间利用的专项规划。相关专项规划要相互协同,并与详细规划做好衔接。

在清江流域国土空间范围内,根据国土空间规划的总体要求,结合清江流域各县市国土空间开发适宜性评价结果,针对各县市国土空间适宜开发类型,合理划分具有特定功能的水资源功能区,使其既能满足当地社会经济发展的用水需求,实现水资源的合理高效利用,又不会破坏当地生态环境系统。进一步开展各水资源功能区内生态功能重要性评估和生态环境敏感性评估,以涵养水源、保持水土、防风固沙、调蓄洪水、保护生物多样性以及保持自然本底、保障生态系统完整和稳定性为目标,兼顾社会经济发展需要。清江流域各县市政府及其有关主管部门统筹流域山水林田湖草系统保护工作,建立健全水资源功能区保护与修复的长效机制,促进水资源功能区的保护与修复。在水资源过度开发地区以及由于水资源过度开发造成生态脆弱的地区,通过水资源合理调配利用维护水生态系统功能的恢复和长期稳定。

第六节　实现"一河一长""一湖一长""一田一长"

"河湖长制"是我国新时期探索水资源保护的重要举措。清江流域涉及区域较广,河湖农田数量较多,积极落实河湖长制对于清江流域水资源的保护具有重要作用。一是严格落实责任监督制度,实现"一河一长""一湖一长""一田一长"。二是强化行业整治。在实际操作中,有些企业能够严格按照标准排放污水,但也有些企业对此重视不够,超标排放,"河湖长制"可以对污水排放过量的企业进行动态追踪和实时监督,可以通过关停淘汰一批、转型提升一批、集聚集中一批的思路,加大铅蓄电池、塑料、印染、造纸、化工等重污染高耗能行业以及"四无"(无证无照、无安全保障、无合法场所、无环保措施)企业的整治力度,倒逼企业转型升级,解决污染物排放全面达标的问题。三是强化农业面源污染整治,推行"田长制"。一方面,农村农药化肥的过度使用造成的污染,管理起来难度很大,"一田一长"可以有效监督农田污染状况;另一方面,农村的污水大多向河流直接排放,垃圾处理也跟不上,而垃圾堆积河边同样也会对水体造成严重的污染。农业面源污染整治要重点对畜禽排泄物、肥水养殖、病死动物等污染采取无害化处理,通过积极探索农业垃圾无害化、病死动物无害化集中处理方式,实现对农业垃圾的资源化综合利用,大力发展现代生态高效农业,实现经济和生态环境协调发展。四是进一步加强生活垃圾和生活污水整治。特别是农村,村民大多居住在水源附近,环保意识淡漠,且缺乏长效规范的生活垃圾和生活污水处理设施,随意倾倒垃圾、排放生活污水现象较为常见,要通过完善农村污水排放管网、垃圾统一收集清运等措施,保障水源质量。

主要参考文献

白洁,王欢欢,刘世存,等.流域水环境承载力评价——以白洋淀流域为例[J].农业环境科学学报,2020,39(5):1070-1076.

白娟,黄凯,李滨."双评价"成果在县(区)级国土空间规划中的应用思路与实践[J].规划师,2020,36(5):30-38.

白晓旺,赵培培,戴梦圆,等.河长制下长江经济带水资源承载力研究[J].生态经济,2022,38(11):190-197.

卞锦宇,宋轩,耿雷华,等.太湖流域水资源承载力特征分析及评价研究[J].节水灌溉,2020(1):73-83.

邓琦.北京等15省份生态保护红线划定方案获国务院批准[N/OL].新京报,2018-02-12[2020-10-20]. https://baijiahao.baidu.com/s?id=15921782195174047878&wfr=spider&for=pc.

邓正华,戴丽琦,邓冰,等.洞庭湖流域水资源承载力时空演变分析[J].经济地理,2021,41(5):186-192.

杜雪芳,李彦彬,张修宇.基于TOPSIS模型的郑州市水资源承载力研究[J].人民黄河,2022,44(2):84-88.

高伟,刘永,和树庄.基于SD模型的流域分质水资源承载力预警研究[J].北京大学学报(自然科学版),2018,54(3):673-679.

顾文权,胡雅洁,包秀凤,等.典型南方小流域水资源承载能力分析[J].武汉大学学报(工学版),2021,54(5):381-386.

郭倩,汪嘉杨,张碧.基于DPSIRM框架的区域水资源承载力综合评价[J].自然资源学报,2017,32(3):484-493.

何宜庆,翁异静.鄱阳湖地区城市资源环境与经济协调发展评价[J].资源科学,2012,34(3):502-509.

黄昌硕,耿雷华,颜冰,等.水资源承载力动态预测与调控——以黄河流域为例[J].水科学进展,2020,32(1):59-67.

金相灿,屠清瑛.湖泊富营养化调查规范[M].2版.北京:中国环境科学出版社,1990.

柯蒂.论湖北"在中部崛起"的突破口——加速长江经济带的改革开放步伐[J].湖北社会科学,1988(10):3-7.

李龙,吴大放,刘艳艳,等.生态文明视角下喀斯特地区"双评价"研究——以生态敏感区宁远县为例[J].自然资源学报,2020,35(10):2385-2400.

李思楠,赵筱青,普军伟,等.西南喀斯特典型区国土空间地域功能优化分区[J].农业工程学报,2020,36(17):242-253,314.

李文雅,赵玲玲,翁学先,等.基于系统动力学的珠澳地区取用水系统水资源承载力[J].水资源与水工程学报,2022,33(6):103-110,119.

李永浮,蔡宇超,唐依依,等.我国县域国土空间"双评价"理论与浙江嘉善县实证研究[J].规划师,2020,36(6):13-19,32.

任俊霖,李浩,伍新木,等.长江经济带省会城市用水效率分析[J].中国人口·资源与环境,2016,26(5):101-107.

佘之祥.长江流域与长江沿江经济带的特点及应研究的问题[J].长江流域资源与环境,1993(2):97-102.

苏鹤放,曹根榕,顾朝林,等.市县"双评价"中优势农业空间划定研究:理论、方法和案例[J].自然资源学报,2020,35(8):1839-1852.

苏敏杰,白栩嘉.基于最大熵投影寻踪模型的云南省近10a水资源承载力评价[J].长江科学院院报,2018,35(6):12-18.

苏贤保,李勋贵,赵军峰.水资源-水环境阈值耦合下的水资源系统承载力研究[J].资源科学,2018,40(5):1016-1025.

孙钰,姜宁宁,崔寅.京津冀生态文明与城市化协调发展的时序与空间演变[J].中国人口·资源与环境,2020,30(2):138-147.

唐晓华,张欣珏,李阳.中国制造业与生产性服务业动态协调发展实证研究[J].经济研究,2018,53(3):79-93.

王静,翟天林,赵晓东,等.面向可持续城市生态系统管理的国土空间开发适宜性评价——以烟台市为例[J].生态学报,2020,40(11):3634-3645.

王喜峰,沈大军.黄河流域高质量发展对水资源承载力的影响[J].环境经济研究,2019,4(4):47-62.

王亚飞,樊杰,周侃.基于"双评价"集成的国土空间地域功能优化分区[J].地理研究,2019,38(10):2415-2429.

魏旭红,开欣,王颖,等.基于"双评价"的市县级国土空间"三区三线"技术方法探讨[J].城市规划,2019,43(7):10-20.

夏皓轩,岳文泽,王田雨,等.省级"双评价"的理论思考与实践方案——以浙江省为例[J].自然资源学报,2020,35(10):2325-2338.

邢霞,修长百,刘玉春.黄河流域水资源利用效率与经济发展的耦合协调关系研究[J].软科学,2020,34(8):44-50.

许长新,吴骁远.水环境承载力约束下区域城镇化发展合理速度分析[J].中国人口·资源与环境,2020,30(3):135-142.

杨帆,宗立,沈珏琳,等.科学理性与决策机制:"双评价"与国土空间规划的思考[J].自然资源学报,2020,35(10):2311-2324.

杨亮洁,杨海楠,杨永春,等.基于耦合协调度模型的河西走廊生态环境质量时空格局演化[J].中国人口·资源与环境,2020,30(1):102-112.

尹怡诚,成升魁,马润田,等.基于"在地性"与"协同性"的丘陵地区县域"双评价"模式探讨——以湖南辰溪县为例[J].经济地理,2020,40(9):102-113.

余灏哲,李丽娟,李九一.京津冀水资源承载力风险评估模型构建研究[J].地理研究,2021,40(9):2623-2637.

岳文泽,代子伟,高佳斌,等.面向省级国土空间规划的资源环境承载力评价思考[J].中国土地科学,2018,32(12):66-73.

岳文泽,吴桐,王田雨,等.面向国土空间规划的"双评价":挑战与应对[J].自然资源学报,2020,35(10):2299-2310.

臧正,郑德凤,孙才志.区域资源承载力与资源负荷的动态测度方法初探——基于辽宁省水资源评价的实证[J].资源科学,2015,37(1):52-60.

张炳林,王秉琦,甄俊杰,等.陕西省水资源综合利用水平评价与动态演进预测[J].人民黄河,2022,44(12):67-72.

张凯,陆海曙,陆玉梅.三重属性约束的承载力视角下中国省际水资源利用效率测度[J].资源科学,2021,43(9):1778-1793.

张宁宁,粟晓玲,周云哲,等.黄河流域水资源承载力评价[J].自然资源学报,2019,34(8):1759-1770.

张晓京.长江经济带湖北段水生态建设的问题、成因与对策[J].湖北社会科学,2018(2):61-67.

赵强,李秀梅,高倩,等.基于模糊综合评判的山东省水资源承载力评价[J].生态科学,2018,37(4):188-194.

赵筱青,李思楠,普军伟,等.云南喀斯特山区国土空间优化分区与管控[J].自然资源学报,2020,35(10):2339-2357.

中华人民共和国水利部.河湖生态环境需水计算规范:SL/Z 712—2014[S].北京:中国水利水电出版社,2015.

中华人民共和国水利部.水环境监测规范:SL 219—2013[S].北京:中国水利水电出版社,2014.

周道静,徐勇,王亚飞,等.国土空间格局优化中的"双评价"方法与作用[J].中国科学院院刊,2020,35(7):814-824.

周云哲,粟晓玲,周正弘.基于"量-质-域-流"四维指标体系的水资源荷载状况评价——以黑河流域三地市为例[J].干旱地区农业研究,2019,37(3):215-223,231.

自然资源部.资源环境承载能力和国土空间开发适宜性评价指南(试行)[R].北京:自然资源部,2020.

左其亭,张志卓,吴滨滨. 基于组合权重 TOPSIS 模型的黄河流域九省区水资源承载力评价[J]. 水资源保护,2020,36(2):1-7.

BAO C,CHEN X J. The driving effects of urbanization on economic growth and water use change in China: a provincial-level analysis in 1997-2011[J]. Journal of Geographical Sciences,2015,25(5):530-544.

BU J H,LI C H,WANG X,et al. Assessment and prediction of the water ecological carrying capacity in Changzhou city,China[J/OL]. Journal of Cleaner Production,2020,277:123988(2020-09-15)[2021-10-20]. https://doi.org/10.1016/j.jclepro.2020.123988.

CUI Y,FENG P,JIN J L,et al. Water resources carrying capacity evaluation and diagnosis based on set pair analysis and improved the entropy weight method[J/OL]. Entropy,2018,20(5):359(2018-05-11)[2020-10-25]. https://doi.org/10.3390/e20050359.

FENG L H,ZHANG X C,LUO G Y. Application of system dynamics in analyzing the carrying capacity of water resources in Yiwu City,China[J]. Mathematics and Computers in Simulation,2008,79:269-278.

FU J Y,ZANG C F,ZHANG J M. Economic and resource and environmental carrying capacity trade-off analysis in the Haihe River basin in China[J]. Journal of Cleaner Production,2020,270:122271(2020-10-10)[2020-11-20]. https://doi.org/10.1016/j.jclepro.2020.122271.

JIA Z M,CAI Y P,CHEN Y,et al. Regionalization of water environmental carrying capacity for supporting the sustainable water resources management and development in China[J]. Resources,Conservation and Recycling,2018,134:282-293.

LU S B,ZHANG X L,BAO H J,et al. Review of social water cycle research in a changing environment[J]. Renewable and Sustainable Energy Reviews,2016,63(9):132-140.

LU Y,XU H W,WANG Y X,et al. Evaluation of water environmental carrying capacity of city in Huaihe River Basin based on the AHP method: a case in Huai'an City[J]. Water Resources and Industry,2017,18:71-77.

PENG T,DENG H W,LIN Y,et al. Assessment on water resources carrying capacity in karst areas by using an innovative DPESBRM concept model and cloud model[J/OL]. Science of the Total Environment,2021,767:144353(2021-05-01)[2022-06-12]. https://doi.org/10.1016/j.scitotenv.2020.144353.

REN C F,GUO P,LI M,et al. An innovative method for water resources carrying capacity research: metabolic theory of regional water resources[J]. Journal of Environmental Management,2016,167:139-146.

VELDKAMP T I E,WADA Y,AERTS J C J H,et al. Water scarcity hotspots travel downstream due to human interventions in the 20th and 21st century[J/OL]. Nature

Communications, 2017, 8: 15697(2017 - 06 - 15)[2020 - 10 - 20]. https://www.nature.com/articles/ncomms15697.pdf. DOI: 10.1038/ncomms15697.

WANG C H, HOU Y L, XUE Y J. Water resources carrying capacity of wetlands in Beijing: analysis of policy optimization for urban wetland water resources management[J]. Journal of Cleaner Production, 2017, 161: 1180 - 1191.

WANG R, CHENG J H, ZHU Y L, et al. Evaluation on the coupling coordination of resources and environment carrying capacity in Chinese mining economic zones[J]. Resources Policy, 2017, 53: 20 - 25.

WANG T X, XU S G. Dynamic successive assessment method of water environment carrying capacity and its application[J]. Ecological Indicators, 2015, 52: 134 - 146.

WEI Y J, WANG R, ZHUO X, et al. Research on comprehensive evaluation and coordinated development of water resources carrying capacity in Qingjiang River Basin, China[J/OL]. Sustainability, 2021, 13(18): 10091(2021 - 09 - 09)[2022 - 10 - 10]. https://doi/10.3390/su131810091.

YANG J F, LEI K, KHU S, et al. Assessment of water resources carrying capacity for sustainable development based on a system dynamics model: a case study of Tieling City, China[J]. Water Resources Management, 2015, 29: 885 - 899.

YANG Z Y, SONG J X, CHENG D D, et al. Comprehensive evaluation and scenario simulation for the water resources carrying capacity in Xi'an city, China[J]. Journal of Environmental Management, 2019, 230: 221 - 233.

ZHANG M, LIU Y M, WU J, et al. Index system of urban resource and environment carrying capacity based on ecological civilization[J]. Environmental Impact Assessment Review, 2018, 68: 90 - 97.

ZHANG Z, LU W X, ZHAO Y, et al. Development tendency analysis and evaluation of the water ecological carrying capacity in the Siping area of Jilin Province in China based on system dynamics and analytic hierarchy process[J]. Ecological Modelling, 2014, 275: 9 - 21.

ZHAO Y, WANG Y Y, WANG Y. Comprehensive evaluation and influencing factors of urban agglomeration water resources carrying capacity[J/OL]. Journal of Cleaner Production, 2021, 288: 125097(2021 - 03 - 15)[2022 - 10 - 20]. https://doi.org/10.1016/j.jclepro.2020.125097.